汉竹编著 • 亲亲乐读系列

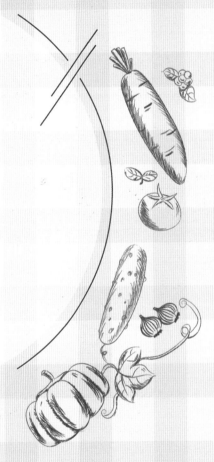

# 月嫂营养经：坐月子一日五餐

冯婷 主编

U0350588

江苏凤凰科学技术出版社
全国百佳图书出版单位
·南京·

# 导读

坐月子吃什么好？

怎么吃能预防月子病？

一日五餐如何分配？

……

众所周知，坐月子讲究吃，那么如何吃好月子餐呢？

针对这个问题，家庭服务资深从业人员冯婷老师与大家分享了自己的工作经验，针对每周坐月子的不同要点来讲解进补方法，让新妈妈身体快速恢复，还能为新妈妈解决下奶、催乳、补血等月子里的常见问题。

本书为新妈妈准备了营养丰富、品种多样的食谱，将42天坐月子黄金期划分为6周，每周有不同的饮食调养目标，从初期健脾开胃、催乳下奶，到中期防抑郁、补钙补血，再到后期调理滋补、瘦身养颜，坐月子每周的饮食重点各有不同。还将食谱细化到每天的早餐、午餐、晚餐及两次加餐，让一日五餐科学分配，兼顾滋补、养生与瘦身，新妈妈可自行搭配。冯婷老师将多年的月子餐制作经验记录成书，餐谱搭配科学，营养均衡，让每一位新妈妈放心进补。希望冯婷老师的无私分享能让更多新妈妈受益。

温馨提示：本书一日五餐食谱仅供新妈妈及家人参考，新妈妈实际每餐不仅限于此，可依据个人口味及饮食习惯自由搭配。

# 目录

# 第二章　产后 42 天月子餐

# 第三章　产后需求不同，营养方案也不同

# 第四章　这样吃不落月子病

# 第一章

## 针对不同妈妈的营养建议

分娩会损耗新妈妈大量体力与元气，产后还要为嗷嗷待哺的宝宝喂母乳，因此新妈妈月子里的饮食调养至关重要。新妈妈要想坐好月子，就要考虑到分娩方式、喂奶方式、年龄、体质差异等因素，根据自己的情况采取适宜的进补方法，这样比参照别人坐月子的方式更好、更舒服、更有效。

# 顺产妈妈：减体脂，丰乳汁

听王老师怎么讲

## 营养建议

① 产后第一餐宜选流质食物

② 适当吃富含脂类的食物

③ 可适量吃些山楂

④ 每餐定时，减体脂更容易

现在的分娩方式有很多，**其中顺产是较为常见的、理想的分娩方式**。如果孕妈妈怀孕期间身体健康、状态良好，胎宝宝发育正常、胎位正，就可以选择顺产。

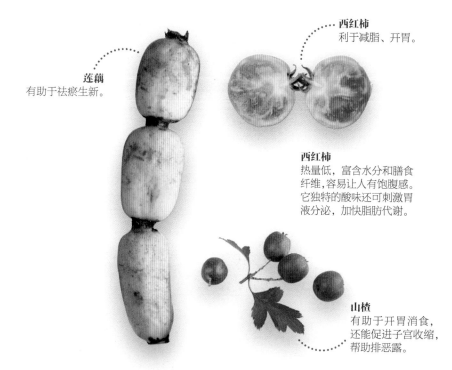

**西红柿**
利于减脂、开胃。

**莲藕**
有助于祛瘀生新。

**西红柿**
热量低，富含水分和膳食纤维，容易让人有饱腹感。它独特的酸味还可刺激胃液分泌，加快脂肪代谢。

**山楂**
有助于开胃消食，还能促进子宫收缩，帮助排恶露。

**海带**：帮助消除水肿，还有助于抑制脂肪吸收，对瘦身有好处。

**木耳**：有助于清胃涤肠，帮助排毒。

## 产后第一餐宜选流质食物

顺产妈妈由于产后疲劳、胃肠功能差，第一餐宜进食清淡、稀软、易消化的流质食物，如藕粉汤、小米粥、蛋花汤等。

## 适当吃富含脂类的食物

产后有恶露排出，会影响侧切伤口的愈合，脂类的缺乏也会导致伤口愈合变慢。所以顺产妈妈可以适当吃些富含脂类的食物，比如动物肝脏、蛋黄、黄豆、玉米等，以提高伤口愈合能力。

## 可适量吃些山楂

有的人认为山楂会刺激胃肠，产后不宜吃。其实山楂对子宫有兴奋作用，可刺激子宫收缩，促进子宫内瘀血的排出，减轻腹痛。顺产妈妈由于产后身体虚弱，往往缺乏食欲、消化不良，适当吃些山楂，还能够促进食欲，帮助消化，有利于身体恢复。

## 每餐定时，减体脂更容易

　　科学合理的就餐时间，符合身体新陈代谢的生活规律，能为产后瘦身助力。在这里为新妈妈推荐有助于科学瘦身的一日五餐用餐时间表，新妈妈可以根据自己的生活规律，参考一下。

| 餐次 | 就餐时间 | 贴心提示 |
| --- | --- | --- |
| 早餐 | 7:00~7:30 | 此时胃肠道已苏醒，消化系统开始运转，这时吃早餐胃肠能高效地消化、吸收食物营养。 |
| 上午加餐 | 10:00~10:30 | 此时段人体新陈代谢速度变快，大多数新妈妈会有饥饿感，可以通过加餐来补充能量。 |
| 午餐 | 12:00~12:30 | 中午12点以后身体能量需求大，此时新妈妈需要及时补充能量。 |
| 晚餐 | 18:00~18:30 | 晚餐要搭配合理，可挑选两三种食物搭配以保证营养均衡。 |
| 晚间加餐 | 21:00~21:30 | 新妈妈晚间加餐需控制食量，宜选择流质或半流质食物，如牛奶、酸奶、蔬果汁等。 |

　　坐月子期间没必要大补，加餐很重要。分娩对女性的体能消耗巨大，产后适当的饮食调养有助于伤口愈合，哺乳新妈妈更要定时补充营养。新妈妈的饮食要遵从荤素搭配、粗细粮均衡、少食多餐的原则，可适当在三顿正餐之外加两餐，比如一些粥类、汤类、水果、酸奶等。

蔬果汁热量低，适合加餐时饮用。

# 顺产妈妈食谱
# 减脂通乳

---

## AM7:00 芹菜竹笋汤

**营养功效：**竹笋具有低脂肪、低糖、膳食纤维含量高的特点，能促进肠道蠕动，帮助消化，缓解便秘；芹菜有利于提高人体免疫力，强身健体。

原料：芹菜 100 克，竹笋、猪肉丝、盐、酱油、淀粉、高汤各适量。

做法：①芹菜洗净，切段；竹笋洗净，切段；猪肉丝用盐、淀粉、酱油腌约 5 分钟备用。②高汤倒入锅中煮开后，放入芹菜段、竹笋段，煮至芹菜段变软，再加入腌好的猪肉丝。③待猪肉丝熟透后，加入盐调味即可。

竹笋热量低，适合顺产妈妈减脂时食用。

## 糖醋莲藕　AM10:00

莲藕配上糖醋汁，爽口又开胃。

**营养功效：**莲藕有助于滋阴养胃，与猪蹄、排骨等炖汤同食，还可帮助催乳。

原料：莲藕 100 克，葱末、白糖、醋、香油、盐、食用油各适量。

做法：①莲藕去节，去皮，切成薄片，用水冲洗干净。②油锅烧热，放入葱末略煸，倒入藕片翻炒，放入盐、白糖、醋，继续翻炒。③藕片熟透后盛出，淋入香油，拌匀即可。

顺产妈妈一般产后 1~3 天就开始分泌乳汁了，此时新妈妈要逐渐补充足量的蛋白质、碳水化合物、脂肪和水，还要摄入丰富的矿物质和维生素，以提高乳汁质量，满足宝宝身体发育需要。

## 芦笋炒肉丝
AM12:00

**营养功效：**这道菜既有助于瘦身，又能滋阴养血。

**原料：**猪瘦肉 60 克，芦笋 40 克，胡萝卜 30 克，葱丝、盐、食用油各适量。

**做法：**①猪瘦肉洗净，切丝；芦笋洗净，切段；胡萝卜洗净，切条。②锅中烧开水，放入芦笋段和胡萝卜条焯烫。③炒锅中加入油，煸香葱丝，再倒入猪瘦肉丝煸炒。④炒至猪瘦肉丝变色后，倒入芦笋段和胡萝卜条翻炒，加盐调味即可。

芦笋含有多种微量元素，可提高身体免疫力。

虾仁与豌豆同炒，不仅有助于通便，还可以促进乳汁分泌。

## 豌豆炒虾仁
PM6:00

**营养功效：**豌豆富含膳食纤维，可促进胃肠蠕动。

**原料：**虾仁 100 克，嫩豌豆 50 克，鸡汤、盐、水淀粉、食用油、香油各适量。

**做法：**①嫩豌豆洗净，焯水备用。②锅中热油，放入虾仁，快速炒散后用漏勺盛出控油。③炒锅内留适量底油，烧热，放入嫩豌豆，翻炒几下，再放入鸡汤、盐，随即放入虾仁，用水淀粉勾薄芡，将炒锅颠翻几下，淋上香油即可。

## 红薯粥
PM9:00

**营养功效：**红薯营养丰富，有助于益气通乳、润肠通便。

**原料：**红薯 100 克，大米 50 克。

**做法：**①红薯洗净，去皮，切块。②大米洗净，用清水浸泡 30 分钟。③将红薯块和泡好的大米放入锅内，加水，大火煮沸，再转小火继续煮，煮成浓稠的粥即可。

红薯不可一次食用过多，否则易导致腹胀。

# 剖宫产妈妈：固元气，养伤口

听王老师怎么讲

## 营养建议

① 剖宫产术后 6 小时内应禁食

② 饮食从流质向半流质过渡

③ 多吃含蛋白质的食物，以利于伤口愈合

④ 不宜吃容易引起胀气的食物

**剖宫产手术伤口较大，创面较广**，所以剖宫产妈妈产后进补要注意的事项较多。剖宫产妈妈**科学、合理地进食**，有利于促进伤口愈合，减轻伤口疼痛程度。

**苹果**
有助于健胃润肠，生津止渴。

**牛肉**
有助于补脾胃、益气血、强筋骨，适合于气血两亏的剖宫产妈妈进补。

**白萝卜**
可帮助健脾胃、助排气，剖宫产妈妈进食适量的白萝卜，对促进排气有好处。

**黑芝麻**：含钙量高，富含蛋白质、氨基酸及多种维生素，有很高的营养价值。

**小米**：坐月子常备的滋补食物，有助于滋养脾胃，适合新妈妈在月子期食用。

## 排气后进食

由于剖宫产手术中肠管受到刺激而使肠道功能受损，导致肠蠕动变慢，肠腔内出现积气现象。因此，术后 6 小时内不宜进食。若排气困难，可以喝一点温开水，刺激肠蠕动，促进排气，减少腹胀。

## 先吃流质食物

剖宫产妈妈排气之后不能马上吃硬的食物，应先吃流质食物，产后前 2 天可以吃米汤、蛋花汤等，注意一次不能吃得太多，宜分几次食用。之后几天可以由流质食物逐渐过渡到半流质食物。

## 避免食用产气食物

剖宫产妈妈在开始进食时应食用促排气的食物，如萝卜汤等，帮助增强胃肠蠕动，促进排气，减少腹胀，使大小便通畅。对于那些容易引起胀气的食物，如黄豆、豆浆、红薯等食物，应尽量不吃，以免加重腹胀。

## 注意饮食，促进伤口恢复

　　许多剖宫产妈妈对腹部明显的瘢痕耿耿于怀，其实只要注意产后饮食，伤口可以很快愈合，瘢痕也会变得不太明显。剖宫产妈妈要适量吃鸡蛋、瘦肉等富含蛋白质的食物，同时也应适量吃富含维生素C、维生素E的食物，以帮助组织修复，促进伤口恢复。

## 别吃太饱

　　剖宫产手术后，新妈妈肠蠕动相对减缓。若吃太饱会使肠内代谢物增多，在肠道滞留时间延长，不仅会引起便秘，还会导致产气增多，腹压增高，不利于新妈妈身体恢复。

## 少吃酸辣食物及甜食

　　酸辣食物会刺激剖宫产妈妈虚弱的胃肠而引起诸多不适；过多地吃甜食不仅会影响食欲，还可能因摄入过多热量，引起身体肥胖。

## 宜吃枸杞子增强免疫功能

　　枸杞子的营养成分丰富。枸杞子中含有丰富的蛋白质、氨基酸、维生素和铁、锌、磷、钙等人体必需的矿物质，是药食同源的食材之一。另外，枸杞子还具有改善人体新陈代谢、调节内分泌的作用。

枸杞子可泡茶，也可煮粥。

# 剖宫产妈妈食谱
# 健脾益气

### AM7:00 白萝卜海带汤

**营养功效：** 白萝卜有促进胃肠蠕动的作用，可加快排气，缓解腹胀。

原料：熟海带丝50克，白萝卜100克，盐适量。

做法：①白萝卜洗净，去皮，切丝。②将熟海带丝、白萝卜丝一同放入锅中，加适量清水，大火煮沸后转小火煮至熟透。③出锅时加盐调味即可。

白萝卜可以促进排气，适合剖宫产妈妈食用。

常食此粥有助于补肝肾、养气血。

### 鲜滑鱼片粥 AM10:00

**营养功效：** 此粥营养丰富，有助于健脾益气、养血壮骨。新妈妈产后第2周可适当食用。

原料：草鱼净肉100克，大米30克，猪骨50克，腐竹15克，盐、姜丝、葱丝各适量。

做法：①猪骨、大米、腐竹分别洗净，放入砂锅，加水用大火烧开后，用小火慢熬，放入盐调味，拣出猪骨。②将草鱼净肉切片，用盐、姜丝拌匀，倒入粥内煮熟，撒上葱丝即可。

剖宫产妈妈若失血过多，血虚肝郁，就容易出现睡眠障碍，可以每晚睡前补充 1 杯牛奶或 1 碗小米粥，有助于睡眠。另外还要适量吃一些补血养血、疏肝解郁的食物，以帮助身体恢复，缓解睡眠障碍。

## 莴笋炒肉片
**AM12:00**

**营养功效：**常食莴笋有助于增进食欲、利尿通乳、防治贫血，还有助于提高睡眠质量。

原料：莴笋、猪肉各 50 克，蒜末、盐、食用油各适量。

做法：①莴笋去皮，洗净，切片；猪肉切片。②油锅烧热，放蒜末炒香，倒入猪肉片，大火煸炒至变色。③倒入莴笋片，大火翻炒 2 分钟，出锅时加盐调味即可。

常食此菜可养血，还有助于防治缺铁性贫血。

剖宫产妈妈适量吃牛肉有益于身体恢复。

## 红糖小米粥
**PM9:00**

**营养功效：**此粥有助于提高新妈妈机体抗病能力。

原料：小米 50 克，红糖适量。

做法：①将小米用清水洗净，备用。②锅中加适量清水，放入小米，大火烧沸后改用小火熬煮至米烂粥稠，加入红糖搅匀即可。

## 豆角牛肉烧荸荠
**PM6:00**

**营养功效：**此道菜有健脾解渴、益气生津的功效。

原料：豆角 100 克，荸荠 3 个，牛肉 50 克，葱姜汁、盐、食用油、高汤各适量。

做法：①荸荠洗净，削皮，切片；豆角洗净，切段；牛肉切片，用部分葱姜汁拌匀腌 10 分钟。②锅中热油，放入牛肉片，小火炒至变色，放入豆角段炒匀，再放入余下的葱姜汁，加高汤烧至熟。③放入荸荠片炒匀，加盐调味即可。

红糖与小米同食，是补虚佳品。

# 二孩妈妈：除旧病，强体质

## 营养建议

1 保持饮食多样化

2 可适量吃鱼肉和海产品抗抑郁

3 不宜在汤菜里加过量料酒

生宝宝是一件十分辛苦的事情，想要二孩的妈妈们尽可能在身体状态佳的时间怀孕，这样对妈妈和宝宝都有好处。生完二孩后，妈妈也要注意控制好自己的情绪，别把不好的情绪带给两个孩子。

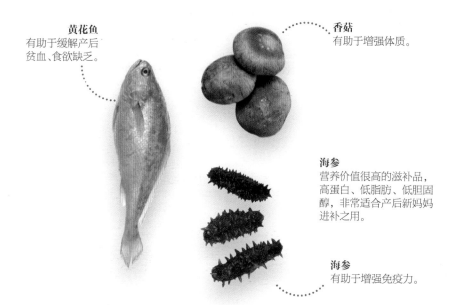

**黄花鱼**
有助于缓解产后贫血、食欲缺乏。

**香菇**
有助于增强体质。

**海参**
营养价值很高的滋补品，高蛋白、低脂肪、低胆固醇，非常适合产后新妈妈进补之用。

**海参**
有助于增强免疫力。

**黑豆：**蛋白质、氨基酸、不饱和脂肪酸含量高，有助于降低血液中胆固醇含量。

**银耳：**有利于人体排毒、美容养颜。

## 保持饮食多样化

不挑食、不偏食比大补更重要。新妈妈身体的恢复和宝宝营养的摄取均需要各类营养成分，新妈妈应尽量不偏食，要讲究食物粗细搭配、荤素搭配等。这样既可以保证各种营养物质的摄取，还对自己身体的恢复有益处。

## 适当吃些抗抑郁食物

新妈妈产后体内雌激素发生变化，容易产生抑郁心理，出现不安、低落的情绪。此时，可适量吃些鱼肉和海产品，有助于抗抑郁，减少产后抑郁症的发生。

## 不宜在汤菜里加过量料酒

月子里很多汤水的原料都是肉类，加适量料酒可以去腥解腻。但料酒有活血的作用，每顿饭菜都加过量料酒，可能会导致新妈妈子宫收缩不良，恶露淋漓不尽，所以料酒用量应适量。

## 不宜同时服用子宫收缩剂和生化汤

一般来说,产后使用子宫收缩剂主要是防止产后出血,而生化汤与其效果相似,二者不宜同时服用。因此,新妈妈要咨询医生,住院期间所开的药物里是否已包括子宫收缩剂,如果有,就不宜同时服用生化汤,避免子宫收缩过强而导致产后腹痛。

适量喝生化汤有助于排恶露。

## 忌早餐不吃主食

许多新妈妈想通过控制饮食来恢复身材,但早餐一定要吃好。新妈妈需要在早餐中摄取人体必需的碳水化合物来维持正常的生理活动,因此必须吃主食。新妈妈可以选择全麦面包搭配牛奶或豆浆作为早餐,这样不仅能够提供身体所需的能量,还能帮助瘦身。

## 不要急于节食瘦身

产后42天内,不能盲目节食瘦身。因为新妈妈身体未完全恢复到孕前的状态,加之还担负着哺育任务,此时正是需要补充营养的时候。产后强制节食,不仅会导致新妈妈身体恢复慢,还可能引发产后各种并发症。产后瘦身的前提是身体一定要健康,所以新妈妈除了要正常摄入一日三餐外,还要根据身体需要加餐。

## 不要吃刚从冰箱里拿出来的食物

产后新妈妈身体虚弱,不宜吃寒凉食物。宝宝对寒凉食物的反应也比较敏感,哺乳妈妈吃了寒凉的食物,如刚从冰箱里拿出来的水果、饮料等,哺喂宝宝后极易引起宝宝腹泻。新妈妈饮食合理,宝宝才会有健康的身体。新妈妈吃水果时,可以在热水里泡过后再吃,避免出现不适。

新妈妈哺乳期不宜吃寒凉食物。

# 二孩妈妈食谱
# 滋阴强体

## AM7:00 虾皮鸡蛋羹

**营养功效：**虾皮有助于提升新妈妈的食欲，增强体质。

原料：鸡蛋 1 个，青菜 30 克，虾皮 5 克，香油、盐各适量。

做法：①青菜洗净，切碎；虾皮洗净，沥干水。②鸡蛋打散，加适量温水打匀，加入青菜碎、虾皮、盐搅拌均匀。③放入蒸锅，隔水蒸 15 分钟左右，出锅时滴入香油即可。

鸡蛋加温水打匀，蒸出后口感更细滑。

## 莲子猪肚汤 AM10:00

**营养功效：**猪肚有助于补脾胃，莲子有助于养心安神，此汤可让新妈妈气色更好。

原料：猪肚 50 克，莲子、红枣、淀粉、姜片、盐各适量。

做法：①莲子洗净，去心，用清水浸泡 30 分钟；猪肚用淀粉和盐反复揉搓，用清水冲洗干净。②将猪肚放在沸水中煮 10 分钟，切条。③将猪肚条、莲子、姜片、红枣一同放入锅内，加清水大火煮沸，撇去浮沫，转小火继续炖 30 分钟，加盐调味即可。

此汤可补虚益气，且易于消化，适合新妈妈食用。

　　二孩妈妈不仅要照顾小宝，还要为大宝耗费心力，休息不好，睡眠质量容易下降，应吃一些有助于睡眠的食物。此外，还要注意子宫的恢复，宜吃些富含蛋白质的食物和补虚的食物。

## 蒜蓉空心菜
AM12:00

**营养功效：**此菜清爽可口，有助于促进食欲，还能帮助新妈妈减轻身体水肿症状。

原料：空心菜200克，蒜末、白糖、盐、香油各适量。

做法：①将空心菜洗净，切段。②水烧开，放入空心菜段，烫熟后捞出，沥干水分。③将蒜末、白糖、盐和少量水调匀后，加入香油，拌成调味汁，将调味汁和空心菜段拌匀即可。

空心菜不要焯烫过久，以免影响口感。

此面有滋补强壮、补肾益气的食疗功效。

## 清汤牛肉面
PM6:00

**营养功效：**牛肉有助于补中益气、强健筋骨，对新妈妈的身体恢复有帮助。

原料：熟牛肉块50克，面条100克，葱花、姜丝、酱油、冰糖、盐各适量。

做法：①将姜丝、盐、冰糖、酱油放入沸水中，用大火煮5分钟，制成汤汁。②将面条放入汤汁中，大火煮沸后改小火煮熟。③放入熟牛肉块微煮，盛出撒上葱花即可。

## 银鱼苋菜汤
PM9:00

**营养功效：**银鱼富含蛋白质、钙、磷等，有滋阴补虚的作用。产后第2周后可适量喝此汤。

原料：银鱼100克，苋菜200克，蒜末、姜末、盐、食用油各适量。

做法：①银鱼洗净，沥干水分，备用；苋菜洗净，切成长段，备用。②锅中倒入少许油烧热，把蒜末和姜末爆香后，放入银鱼快速翻炒一下；再加入苋菜段，炒至微软。③再在锅内加入清水，大火煮5分钟，出锅前放入盐调味即可。

此汤营养丰富，多饮还有催乳功效。

# 高龄妈妈：养气血，调气色

## 营养建议

① 宜补钙补铁　② 宜多食养颜食物　③ 可服维生素防脱发　④ 不宜摄取过多盐分

一般来说，女性年龄越大，生育会越困难。**高龄妈妈身体状态大多不如年轻时，产后易身体虚弱。**有的高龄妈妈产后还可能面临一些不良后果，**如可能发生产褥期感染及产后贫血等问题。**

**鳝鱼**
有助于补气养血、温阳健脾、补肝益肾。

**猕猴桃**
可帮助清除体内堆积的有害代谢物。

**猪肝**
可补肝养血、明目，还能抗氧化，有利于新妈妈改善气色。

**红小豆：** 有助于补血养血、清热解毒。

**山药：** 有助于益气健脾、温补肾阳。

## 新妈妈宜补钙补铁

若新妈妈在分娩时出血过多，产后就容易缺铁缺钙。如果新妈妈出现了腰酸背痛、肌肉无力等症状，说明身体已经严重缺钙了。产后补钙不能懈怠，每天要保证摄取 2000~2500 毫克钙。补铁则需要新妈妈在日常饮食中多吃些动物肝脏以及新鲜蔬果。

## 饮食中加一些养颜食物

新妈妈在分娩后皮肤变得粗糙松弛，甚至产生细纹。此时新妈妈可适当食用养颜食物，如西红柿、葡萄等。

## 可服维生素防脱发

新妈妈的头发可能会在产后暂时停止生长，并出现脱发症状，这是受到了体内激素的影响。如果脱发严重，可服用维生素 B1、谷维素等，但一定要在医生指导下服用。

## 不宜摄取过多盐分

盐作为调料可以让食物更加美味，但盐分摄入过多容易导致身体水肿，出现高血压、心脑血管等慢性疾病。因此，新妈妈用餐时要控制盐量，并多吃一些促进体内盐分排出的含钾食物。富含钾的食物有芹菜、菜花、萝卜、莲藕、西红柿、土豆、紫菜、香菇、香蕉等。

## 产后宜做恢复训练防腰痛

新妈妈产后早期做恢复训练，有助于促进松弛的盆腔关节和韧带的功能恢复，加强腰部和腹部肌肉的力量，尽快保持腰椎的稳定性，减少腰部受损害的概率，从而预防产后腰部疼痛。

## 慎吃不健康的零食

新妈妈怀孕前若有吃零食的习惯，在哺乳期内就要减少零食的摄入。大部分零食含有较多的盐和糖，有些还是高温油炸过的，并加有食用色素。对于这些零食，新妈妈要慎食，避免食用后对宝宝的健康产生伤害。

哺乳新妈妈对膨化食品要忌口。

## 不宜过量吃坚果

坚果中富含蛋白质、脂肪、碳水化合物及多种维生素、矿物质和膳食纤维等，并且还含有单不饱和脂肪酸、多不饱和脂肪酸，包括亚麻酸、亚油酸等人体必需的脂肪酸。虽然坚果的营养价值很高，但因油脂含量高，而产后新妈妈消化功能相对较弱，过量食用坚果很容易引起消化不良，且多余的热量会在体内转化成脂肪，使新妈妈发胖。所以，新妈妈不可过量食用坚果，每天食用坚果20~30克即可。

坚果营养丰富，但不可过量食用。

# 高龄妈妈食谱
# 补血养气

## AM7:00 虾仁馄饨

**营养功效：** 常食虾仁有助于补气养血，同时还可为新妈妈补充蛋白质和钙。

原料：鲜虾仁 30 克，猪肉 50 克，胡萝卜 15 克，盐、虾皮、葱末、姜、馄饨皮各适量。

做法：①将鲜虾仁、猪肉、胡萝卜、姜放在一起剁碎，加入盐拌匀。②把做成的馅料分成 8~10 份，包入馄饨皮中。③将包好的馄饨放在沸水中煮熟。④将馄饨盛入碗中，倒入汤汁，再加盐、虾皮、葱末调味即可。

煮馄饨时也可用鸡汤做汤底。

新妈妈可以适量食排骨以补血养气。

## 排骨汤面 AM10:00

**营养功效：** 猪排骨营养价值高，能为新妈妈提供钙、优质蛋白质，还有助于补血。

原料：面条 100 克，葱段、姜片、盐、食用油、猪排骨各适量。

做法：①猪排骨洗净，剁成长段。②油锅烧热，放入葱段、姜片炒香，放入猪排骨段，加盐煸炒至变色，加水，大火煮沸后转小火煮至猪排骨熟透。③另起锅，加水煮沸，放入面条，煮熟后捞出，倒入猪排骨和汤汁即可。

女性产道、会阴肌肉的弹性会随着年龄增长而减弱，骨盆关节和韧带也会变硬，所以高龄妈妈分娩时相较于适龄妈妈易发生难产，还容易引起高血压、糖尿病等并发症。所以高龄妈妈孕前宜调养身体，孕期要认真做检查，产后要坐好月子，以帮助身体恢复。

## 椰味红薯粥

**AM12:00**

**营养功效：** 红薯富含多种维生素和膳食纤维，能帮助新妈妈润肠通便、排毒养颜。

原料：椰汁 250 毫升，红薯、大米各 50 克，椰肉、花生仁、白糖各适量。

做法：①大米淘洗干净；红薯洗净，去皮，切块。②花生仁泡透，加适量水煮烂，然后放入红薯块、大米，一同煮烂成粥。③将椰汁和椰肉倒入红薯粥里，再加白糖搅拌均匀。

可根据个人口味将白糖更换为蜂蜜。

食用时按照个人喜好放点香菜碎或香葱碎，味道更鲜。

## 黑豆排骨汤

**PM6:00**

**营养功效：** 黑豆有助于补肾，猪排骨能补虚养血。

原料：黑豆 30 克，猪排骨 50 克，盐、姜片各适量。

做法：①黑豆洗净，浸泡 2 小时。②猪排骨洗净，剁成厚块，在沸水中汆去血水。③在锅中放入适量清水，放入猪排骨块和黑豆、姜片，大火煲熟后，放入盐调味即可。

## 莲子芡实粥

**PM9:00**

**营养功效：** 此粥对产后有轻微抑郁症的新妈妈有益，可安神助眠。

原料：大米 50 克，莲子 15 克，核桃仁、芡实各 20 克。

做法：①将大米、莲子、芡实分别洗净，用水浸泡 2 小时。②把莲子、核桃仁、芡实和大米倒入锅中，加适量水，以小火熬煮成粥即可。

莲子有养心安神之功效，此粥适宜晚餐食用。

# 第二章

## 产后 42 天月子餐

新妈妈在坐月子期间摄入的食物营养不仅要用于自己身体的恢复调养，还要为宝宝供应足够的高质量乳汁，所以新妈妈需要更全面的营养。坐月子是新妈妈健康的一个转折点，月子期间饮食调理得好，新妈妈就不易患月子病。所以，新妈妈一定要重视月子餐，合理补充营养。

# 产后第 1 周：养脾胃，排恶露

**骨盆：逐渐恢复**
新妈妈的骨盆底部肌肉张力逐渐恢复，水肿和瘀血等症状渐渐消失。

**乳房：开始泌乳**
出了产房之后，宝宝就会被送到新妈妈面前，小家伙会毫不客气地噘起小嘴吸吮乳头，但新妈妈常常会面临没有乳汁的尴尬。其实，这是很正常的现象，在产后 1~3 天，新妈妈才会分泌乳汁。在此期间，一定不要着急喝催乳汤，否则容易导致乳腺管堵塞而引起乳房胀痛。

**胃肠：功能尚在恢复**
孕期受到子宫压迫的胃肠终于可以"归位"了，但功能的恢复还需要一段时间。产后第 1 周，新妈妈的食欲往往比较差，家人要在饮食上多花心思，多做一些有助于开胃的汤汤水水。

## 新妈妈的身体变化

**子宫：慢慢变小**
宝宝胎儿时期的温暖小窝——子宫，在宝宝出生后就要慢慢变小，但要恢复到怀孕前的大小，还需要一段时间。

**阴道：排出恶露**
从产后第 1 天开始，新妈妈会排出类似"月经"的东西（含有血液、少量胎膜及坏死的蜕膜组织），这就是恶露。

# 本周推荐食物

**❶鸡蛋**：鸡蛋营养丰富，有助于新妈妈恢复体力。新妈妈每天吃 1~2 个鸡蛋即可。白水煮蛋和蒸蛋羹都是不错的选择。

**❷小米**：小米熬粥营养丰富，产后应多吃些，不仅能帮助新妈妈恢复体力，还有助于刺激胃肠蠕动，增加食欲。

**❸猪肝**：产后第 1 周是新妈妈排恶露的黄金时期，推荐猪肝作为补铁的食物，每次宜吃 50~100 克。

**❹米酒、老姜和香油**：这三种食材是我国南方地区坐月子的传统食补佳品。

# 产后第1周饮食调养方案

　　孕妇分娩不仅体力消耗大、血量流失多，还会影响胃肠功能，产后常常会出现胃肠虚弱、食欲缺乏等状况。饮食营养对于月子里的新妈妈尤其重要，特别是刚生产完的新妈妈，在身体恢复的同时还要哺喂宝宝，更需加强营养。此外，产后第1周是恶露排出的黄金时期，所以，本周的饮食重点是养脾胃，排恶露。

## 1 宜：开胃，提升食欲

　　产后第1周，新妈妈会感觉身体虚弱、胃口较差。因为新妈妈的胃肠功能还没有恢复，所以，进补不是本周的主要目的，饮食上要以易消化为原则，以利于胃肠功能的恢复。比如可以吃些稀粥、汤面、汤饮等。另外，时令蔬菜和水果等也可帮助提升新妈妈的食欲。

## 2 宜：饮食以稀软为主

　　依据新妈妈的身体状况，月子期间的饮食宜以稀软为主，"稀"是指水分要多一些。新妈妈肩负哺喂宝宝的任务，要保证水分的摄入量，应比平时多喝一些汤。"软"是指月子餐应烹调得软烂一些。很多新妈妈在坐月子时，牙齿有松动的现象，所以要少吃油炸食物和过硬的食物。

## 选择合适的月子食材

　　若从饮食入手保证身体尽快恢复，就需要选择合适的食材，如选择新鲜的时令蔬菜、水果及易消化且营养价值高的食材。

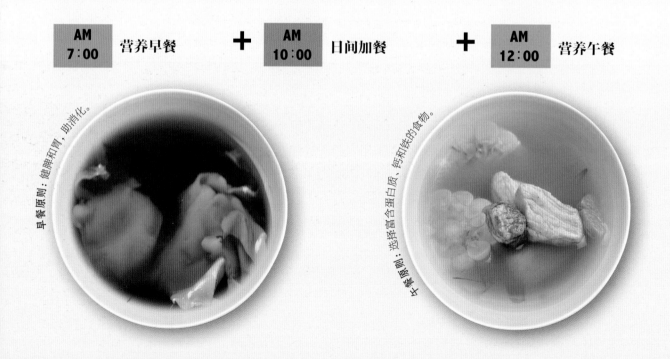

| AM 7:00 营养早餐 | ＋ | AM 10:00 日间加餐 | ＋ | AM 12:00 营养午餐 |

早餐原则：健脾和胃，助消化。

午餐原则：选择富含蛋白质、钙和铁的食物。

# 3忌：着急喝下奶汤

产后头两三天不要急着喝催乳汤。产后新妈妈身体虚弱，马上喝催乳汤，往往会"虚不受补"，反而会导致乳汁分泌不畅。另外，过早喝催乳汤，乳汁下来过快过多，新生儿又吃不了那么多，容易使新妈妈乳腺管堵塞，出现乳房胀痛，甚至引发乳腺炎。

# 4忌：在伤口愈合前多吃鱼

鱼是很好的进补食物，有利于下奶，但剖宫产或有会阴侧切的新妈妈不宜过多食用。鱼类（特别是海产鱼类）体内含有丰富的有机酸物质，会抑制血小板凝集，对术后止血和伤口愈合不利。因此，伤口愈合前不宜多吃鱼。

**TIPS 月嫂的掏心话**

会阴侧切的新妈妈一般伤口愈合比较快，而剖宫产妈妈刀口愈合则需要 1 周左右。产后营养充足会加速伤口愈合，建议新妈妈适当多吃富含优质蛋白和维生素 C 的食物。

- 宝宝刚刚出生时，有些新妈妈没有乳汁，大约在产后 2~3 天，新妈妈乳汁分泌增多。
- 本周是新妈妈排恶露的关键期。
- 新妈妈需要充分休息和静养，以缓解分娩造成的疲劳。
- 产后第 1 餐很关键，应选流质食物，比如牛奶和清淡的汤粥类。
- 产后第 1 周的饮食要多一些汤水。
- 产后部分新妈妈的情绪可能会不稳定，要注意调节自身情绪，避免引发产后抑郁症。
- 分娩之后的 24 小时内，新妈妈要注意量体温。
- 顺产新妈妈产后 6~8 小时可以下床活动。
- 勤喝水，早排便。

## 烹调方式

做月子餐时，宜多用炖、蒸、煮、汆、烩等烹调方式，尽量少用煎、炸等烹调方式。

丿早餐 ✓加餐 ｜午餐 ｜晚餐 ∟加餐

+ PM 6:00 花样晚餐 + PM 9:00 晚间加餐 = **开胃排毒，清淡饮食。** 健脾益胃、助消化，促进胃肠蠕动，预防和缓解便秘。

晚餐原则：适量进食，以免消化不良。

**不宜大补**
月嫂建议新妈妈本周宜吃清淡、开胃的食物和有助于排恶露的食物，不建议刚生完宝宝就大补。

# 产后第1天营养食谱

## ♪ AM7:00 牛奶红枣粥

**营养功效：** 牛奶营养丰富，含有丰富的蛋白质、钙、维生素和矿物质；红枣有助于补血补虚。此粥适合产后初期的新妈妈食用。

原料：大米 50 克，牛奶 250 毫升，红枣 2 颗。

做法：①红枣洗净。②大米洗净，用清水浸泡 30 分钟。③锅内加入清水，放入淘洗好的大米，大火煮沸后，转小火煮至大米绵软。④加入牛奶和红枣，小火慢煮至牛奶烧开且粥熟即可。

牛奶既营养丰富又易消化，适合产后第 1 天食用。

此汤不仅味道鲜美，还有助于滋阴补血。

## 四物炖鸡汤 ◟ AM10:00

**营养功效：** 四味药材可以促进子宫收缩，排出体内恶露，减轻产后腹痛。

原料：乌鸡 1 只，当归、白芍、熟地黄各 10 克，川芎 6 克，盐、姜片、葱段、葱丝、彩椒丝各适量。

做法：①将乌鸡处理好，洗净，放入沸水中氽烫，再放入清水中洗净；当归、川芎、白芍、熟地黄分别洗净。②锅置火上，放入处理好的乌鸡和四味药，汤沸后，撇去浮沫，再加入姜片、葱段，小火炖至鸡肉软烂，加盐调味，撒上葱丝、彩椒丝即可。

建议新妈妈产后半小时内开始哺乳，即使没有乳汁，也要让宝宝吮吸，这样才能促进乳汁分泌。

顺产妈妈产后第1天，宜饮食清淡，可提升食欲和改善消化系统功能，有助于循序渐进地恢复体力。剖宫产妈妈术后6小时内应禁食，待术后6小时后，可以喝些温开水，刺激胃肠蠕动，等到排气后，才可进食。

## AM12:00　山药粥

**营养功效：** 山药有助于健脾胃，产后患有胃肠疾病的新妈妈宜多食。常食山药粥还可帮助补气，气虚的新妈妈可经常食用。

原料：大米30克，山药20克，白糖适量。

做法：①大米洗净，用清水浸泡30分钟；山药削皮，洗净，切块。②锅内加入清水，将山药块放入锅中，加入大米，同煮成粥。③待大米绵软，加白糖稍煮即可。

食用此粥需将山药、大米都炖至软烂香糯。

常食此粥还可促进胃肠蠕动，缓解产后便秘。

## 胡萝卜玉米粥　PM6:00

**营养功效：** 胡萝卜有助于健脾和胃，玉米有助于调中健胃，此粥很适合新妈妈食用。

原料：鲜玉米粒、胡萝卜各50克，大米60克。

做法：①鲜玉米粒洗净；胡萝卜洗净，去皮，切丁，备用。②大米洗净，用清水浸泡30分钟。③将大米、胡萝卜丁、玉米粒一同放入锅内，加适量清水，大火煮沸，转小火继续煮至粥熟烂即可。

## PM9:00　生化粥

**营养功效：** 生化汤具有活血散寒的功效，可缓解产后血瘀腹痛、恶露不净。

原料：当归、桃仁各20克，川芎9克，黑姜10克，炙甘草2克，大米50克，红糖适量。

做法：①将当归、桃仁、川芎、黑姜、炙甘草装入药包，和水以1:10的比例兑好，用小火煮30分钟，去药包留药汁。②在药汁中加入大米熬煮成粥，再加入红糖搅匀即可。

生化汤为产后调理方，有帮助排恶露的作用。

# 产后第 2 天
# 营养食谱

## ☽ AM7:00 紫菜蛋花汤 ▶

**营养功效：** 紫菜蛋花汤口感清香鲜美，营养价值高，容易消化吸收，有助于补血补气、健脾养胃、增强免疫力。

**原料：** 鸡蛋 1 个，紫菜、虾皮、香菜段、盐各适量。

**做法：** ①先将紫菜撕成片状；鸡蛋打散成蛋液，在蛋液里放一点盐，搅匀，备用。②锅里倒入清水，待水沸后放入紫菜略煮，再倒入鸡蛋液，搅拌成蛋花；放入虾皮，再略煮即可。③出锅前放入盐调味，撒上香菜段。

鸡蛋营养丰富，是坐月子常备食材。

常喝此汤有助于生新血、祛瘀血。

## 益母草木耳汤 ☾ AM10:00

**营养功效：** 此汤有助于养阴清热、凉血止血、补气养神，可用于防治产后血热、恶露不净。

**原料：** 益母草、枸杞子各 10 克，干木耳 5 克，冰糖适量。

**做法：** ①益母草洗净后用纱布包好，扎紧口；干木耳泡发，去蒂洗净，撕成片；枸杞子洗净。②锅置火上，放入清水、益母草药包、木耳片、枸杞子，中火煎煮 30 分钟。③出锅前取出益母草药包，放入冰糖调味即可。

新妈妈产后身体虚弱，需要好好休息，但是长期卧床不活动也不利于身体恢复，如无特殊情况，顺产妈妈在产后 6 小时就可下地活动了。另外，新妈妈还要多吃些有助于补益虚损的食物。

## AM12:00 西红柿鸡蛋面

**营养功效:** 此面营养丰富，有助于健脾和胃，补益虚损。

**原料:** 西红柿 1 个，鸡蛋 1 个，油菜、面条、盐、食用油各适量。

**做法:** ①将西红柿洗净，切片；鸡蛋打入碗中，搅拌均匀；油菜掰开洗净。②油锅烧热，鸡蛋液炒散盛出；将西红柿片倒入锅中翻炒，再将鸡蛋倒入，加盐炒成卤盛出。③将面条、油菜放入沸水中，煮熟后捞入碗中，浇上卤即可。

新妈妈适量食用西红柿，可养胃、助消化。

此粥可补气血，适合新妈妈食用。

## 小米桂圆粥 PM6:00

**营养功效:** 桂圆干有助于补气养神，小米易消化，此粥适合产后食用。

**原料:** 小米 50 克，桂圆干 5 克，红糖适量。

**做法:** ①小米洗好后，在清水中浸泡 1 小时。②将小米和桂圆丁放入锅中，加适量水，大火煮沸后换小火煮至粥熟。③最后放入红糖搅拌均匀即可。

## PM9:00 玉米鸡丝粥

**营养功效:** 此粥有助于滋养身体、养血补虚。

**原料:** 大米 50 克，鸡肉、芹菜、玉米粒各 20 克，盐适量。

**做法:** ①大米淘洗干净；芹菜洗净，切丁；鸡肉洗净，切丝。②锅中加入适量水，放入大米煮至将熟，加入鸡丝、玉米粒和芹菜丁同煮。③煮至粥软烂时，加盐调味即可。

食用此粥有助于润泽肌肤。

# 产后第3天
# 营养食谱

## 🌙 AM7:00 枸杞红枣粥

**营养功效：** 枸杞子、红枣和红糖都有助于补养身体、调养气血，对有气血不足、脾胃虚弱、失眠、恶露不净等症状的新妈妈来说，是较佳补品。

原料：枸杞子 10 克，大米 50 克，红糖、红枣各适量。

做法：①将枸杞子洗净，除去杂质。②红枣洗净，去核；大米淘洗干净。③将枸杞子、红枣和大米放入锅中，加水用大火烧沸，再转小火煮至粥熟，加入红糖调匀即可。

新妈妈有上火症状时，不宜食用此粥。

百合可安神，有助于缓解疲劳，帮助睡眠。

## 薏米红枣百合汤  AM10:00

**营养功效：** 百合有助于镇静和安神，红枣则是天然的补血佳品。

原料：薏米 80 克，鲜百合 20 克，红枣 4 颗。

做法：①将薏米淘洗干净，放入清水中浸泡 4 小时；鲜百合洗净，掰成片；红枣洗净，备用。②将泡好的薏米和清水一同放入锅内，用大火煮开后，转小火煮 20 分钟。③把鲜百合和红枣放入锅内，继续煮至米熟即可。

当新妈妈泌乳时，充足的乳汁会使乳房感到疼痛、肿胀，勤给宝宝喂奶，有助于缓解不适感。通常剖宫产妈妈泌乳时间比顺产妈妈晚一些，乳汁分泌量也会稍微少一些，这是正常的现象，不用过于紧张和担心。

## AM12:00 芪归炖鸡汤

**营养功效：**此汤有助于益气活血，有利于产后子宫恢复及恶露排出。

原料：公鸡1只，黄芪、当归各10克，盐适量。

做法：①将公鸡处理干净，洗净，斩块；黄芪去粗皮，与当归分别洗净。②砂锅加清水后放入鸡块，烧开后撇去浮沫，加黄芪、当归，用小火炖2小时，再加盐调味，稍炖即可。

用公鸡炖汤有助于促进新妈妈泌乳。

羊肉有助于补虚，面条易消化，二者搭配适合新妈妈食用。

## 面条汤卧蛋 PM6:00

**营养功效：**面条搭配鸡蛋和羊肉有助于补中益气、补充体力。

原料：面条100克，羊肉30克，鸡蛋1个，菠菜段、葱花、姜丝、盐各适量。

做法：①羊肉切丝，用盐、葱花、姜丝拌匀腌制。②锅中加水，大火烧开，放入面条，将鸡蛋打入汤中并转小火。③待鸡蛋熟且面条断生时，加入羊肉丝和菠菜段煮熟即可。

## PM9:00 乌鸡粥

**营养功效：**乌鸡有助于补虚，适合产后身体虚弱的新妈妈食用。

原料：乌鸡腿100克，大米50克，葱白丝、盐各适量。

做法：①乌鸡腿洗净，斩块，放入开水锅中焯烫，捞出洗净并沥干水分。②乌鸡肉块放入汤锅中，加适量水，大火煮开后转小火炖煮20分钟。③加大米同煮，大火再次煮沸后，转小火煮至大米软烂。④加入葱白丝、盐，稍煮即可。

做粥时也可以把鸡腿皮去掉，这样煮出的粥不会太油腻。

# 产后第 4 天
# 营养食谱

## ⏱ AM7:00 平菇小米粥

**营养功效**：小米有助于滋阴养血；平菇有助于促进人体新陈代谢，增强体质。

原料：小米 50 克，平菇 30 克，盐适量。

做法：①平菇洗净，焯烫后切片；小米洗净。②将小米放入锅中，加适量清水大火煮沸，改小火熬煮。③快熟时放入平菇片，加盐调味，再煮 5 分钟即可。

可以根据个人口味在食用时滴入些香油。

除了猪肝，还可以选择羊肝、鸡肝等替换食用。

## 胡萝卜猪肝汤 ⏱ AM10:00

**营养功效**：猪肝对产后贫血的新妈妈补血补铁有益。

原料：猪肝 30 克，姜片 10 克，胡萝卜片、盐、食用油各适量。

做法：①猪肝洗净，沥干水分，切片。②锅内放适量油，将猪肝片放入锅内，大火快速煸炒 5 分钟，加水，放入胡萝卜片、姜片，改小火熬煮至猪肝熟透，加盐调味即可。

新妈妈产后体内的雌激素降低，很容易产生抑郁的心理，若是剖宫产妈妈，还要忍受术后的伤口疼痛，这时候家人要给予足够的爱和关怀。新妈妈还可以进食一些抗抑郁食物，比如鱼、小米、平菇、菠菜等。

## AM12:00　蔬菜豆皮卷

**营养功效：**此蔬菜卷含膳食纤维，可促进肠蠕动。

原料：豆皮 1 张，绿豆芽、胡萝卜、紫甘蓝各 30 克，豆干 50 克，盐、香油各适量。

做法：①紫甘蓝、胡萝卜、豆干分别洗净，切丝；绿豆芽洗净。②将除豆皮外的所有食材用开水焯熟，加盐和香油拌匀。③将拌好的原料均匀地铺在豆皮上，卷起，放入蒸锅蒸熟，放凉后，切成小卷即可。

豆制品营养丰富，且容易消化。

海带在下锅前可以先用热水焯烫。

## 鱼头海带豆腐汤　PM6:00

**营养功效：**胖头鱼富含磷脂，海带、豆腐营养丰富。

原料：胖头鱼鱼头 200 克，海带段、豆腐块各 50 克，葱段、姜片、盐、料酒各适量。

做法：①将鱼头处理干净。②将鱼头、葱段、姜片、料酒放入锅内，加适量水，大火煮沸后撇去浮沫；转小火炖至鱼头快熟时，放入豆腐块和海带段，用小火继续炖 20 分钟。③加盐调味，稍炖片刻即可。

## PM9:00　西红柿山药粥

**营养功效：**西红柿有助于生津止渴、健胃消食、改善食欲；山药有助于健脾胃。

原料：西红柿 1 个，山药 60 克，大米 50 克，盐适量。

做法：①山药去皮，洗净，切片；西红柿洗净，切块；大米洗净，备用。②将大米、山药片放入锅中，加适量水，用大火煮沸。③转至小火煮至粥熟，加入西红柿块，再煮 10 分钟，加盐调味即可。

西红柿、山药都有助于健脾开胃，食用后易消化。

# 产后第 5 天
# 营养食谱

### AM7:00 鲜奶糯米桂圆粥

**营养功效**：桂圆有助于补气养神，糯米有助于补虚、健脾暖胃，红糖有助于暖胃，这道粥品对新妈妈的身体很有益处。

**原料**：糯米 50 克，鲜牛奶 250 毫升，板栗、干桂圆各适量。

**做法**：①糯米洗好后，清水浸泡 1 小时；板栗去壳，切小块；干桂圆去壳，取肉。②将糯米、干桂圆肉、板栗放入锅中，加适量水，大火煮沸后转小火煮 20 分钟。③放入鲜牛奶，小火煮 10 分钟即可。

在粥中调入适量白糖会更甜香。

### 什菌一品煲 AM10:00

**营养功效**：这款什菌汤有助于开胃，很适合产后身体虚弱、食欲缺乏的新妈妈食用。

**原料**：干香菇 6 克，猴头菇、草菇、平菇、白菜心各 50 克，素高汤、葱花、盐各适量。

**做法**：①干香菇泡发后洗净，切去蒂部，划出花刀；平菇洗净，切去根部；猴头菇和草菇洗净，切开；白菜心掰开成单片。②锅内放入素高汤，大火烧开后再放入香菇、草菇、平菇、猴头菇、白菜片，再次烧开，转小火煲 20 分钟，加盐调味，撒入葱花即可。

食用菌类有利于新妈妈放松身心，还有很好的开胃作用。

　　新妈妈要建立新的、有规律的生活节奏，定时休息与进餐；还要保证充足的睡眠，保持心情愉悦。可以适当做一做产后恢复操，听听音乐，看看书，对产后调整心态有很好的作用。

---

### ❙ 西红柿炒鸡蛋
AM12:00

**营养功效：** 鸡蛋营养丰富，西红柿富含矿物质和维生素。

原料：西红柿1个，鸡蛋2个，白糖、盐、食用油各适量。

做法：①西红柿洗净，去蒂，切块；鸡蛋打入碗内，加入适量盐搅匀，用热油炒散盛出。②将适量油放入锅内，油热后放入西红柿块和炒散的鸡蛋，搅炒均匀，加入白糖、盐，翻炒均匀即可。

这道菜可增加新妈妈食欲，且简单易做。

鸭肉易于消化，适合新妈妈食用。

### 莲子薏米煲鸭汤 ❙
PM6:00

**营养功效：** 鸭肉有助于滋补、养胃、消水肿、止咳化痰。

原料：鸭肉150克，莲子10克，薏米20克，葱段、姜片、百合、料酒、白糖、盐各适量。

做法：①把鸭肉切成块，放入开水中氽烫一下，捞出。②在锅中依次放入鸭肉块、葱段、姜片、莲子、百合、薏米，再加入料酒、白糖，倒入适量开水，大火煮沸后转小火煲。③待汤煲好后，出锅时加盐调味即可。

### ❙ 猕猴桃西米露
PM9:00

**营养功效：** 西米白净滑糯，营养丰富，此道甜品口感爽滑，能够帮助新妈妈提升食欲。

原料：西米50克，猕猴桃100克，白糖适量。

做法：①西米淘洗干净，用冷水浸泡回软后捞出，沥干水分。②猕猴桃洗净，去皮，切块。③锅中加入500毫升水，放入浸泡好的西米，大火烧沸后转小火煮30分钟。④加入猕猴桃块，再煮15分钟，加入白糖，搅拌均匀即可。

猕猴桃有助于通便，可以缓解新妈妈便秘。

# 产后第 6 天
# 营养食谱

---

## 🕖 AM7:00 奶香麦片粥

**营养功效：**麦片含有丰富的膳食纤维，有助于促进胃肠蠕动，还能令人有饱腹感，减少热量摄入，预防产后肥胖。

原料：大米 30 克，鲜牛奶 250 毫升，麦片、白糖各适量。

做法：①将大米洗净，加入适量水浸泡 30 分钟后捞出，控干水分。②锅中加水，放入大米，大火煮沸后转小火煮至米粒软烂黏稠。③加入鲜牛奶、麦片、白糖，再次煮沸后盛入碗中即可。

牛奶也可根据个人口味放入，喜欢奶味重就多放些，不喜欢就少放点。

此羹营养丰富，可以健脾开胃。

## 冰糖五彩玉米羹 🕙 AM10:00

**营养功效：**玉米富含膳食纤维，常食可促进肠蠕动，缓解便秘。

原料：鲜玉米粒 100 克，鸡蛋 2 个，豌豆 30 克，菠萝果肉 20 克，枸杞子、冰糖、水淀粉各适量。

做法：①将鲜玉米粒蒸熟；菠萝果肉切丁；豌豆洗净。②锅中加入适量水，放入菠萝肉丁、豌豆、玉米粒、枸杞子、冰糖，同煮 5 分钟，用水淀粉勾芡，使汁变浓。③将鸡蛋打散，淋入锅内成蛋花，烧开后即可食用。

新妈妈产后气虚体弱，这时要增加食物的多样性，多摄入一些高蛋白、低脂肪且易于消化吸收的食物。新妈妈如果有厌食症状，家人要多加爱护，营造愉悦的进餐环境。

---

### **AM12:00 玉米香菇虾肉饺**

**营养功效：**饺子馅中包含肉类、菌类、蔬菜，营养丰富。

原料：饺子皮适量，猪肉馅 50 克，干香菇 3 朵，虾 5 只，玉米粒 20 克，胡萝卜 1 根，盐适量。

做法：①胡萝卜洗净，切丁；干香菇泡发后切丁；虾去壳、去虾线，切丁。②将猪肉和胡萝卜丁一起剁碎，放入香菇丁、虾肉丁、玉米粒，加入盐搅拌均匀。③饺子皮包上调好的馅，放入开水锅中煮熟即可。

吃饺子时，用饺子汤佐食，可以帮助消化。

此粥味道可口，容易消化，适合新妈妈。

### **南瓜油菜粥 PM6:00**

**营养功效：**新妈妈眼睛易疲劳，南瓜富含胡萝卜素，在体内能够转化为维生素 A，帮助新妈妈保养眼睛。

原料：大米 50 克，南瓜 80 克，油菜、盐各适量。

做法：①南瓜去皮，洗净，去瓤，切丁；油菜洗净，切丝。②人米淘洗干净，放入清水中浸泡 30 分钟。③锅中放入浸泡好的大米、南瓜丁，加适量水，加盖煮约 20 分钟至粥熟，再加油菜丝大火煮 5 分钟，最后加盐调味即可。

### **PM9:00 黑芝麻米糊**

**营养功效：**黑芝麻有助于乌发、养血。

原料：大米 20 克，莲子 10 克，黑芝麻 10 克。

做法：①大米洗净，浸泡 3 个小时；莲子、黑芝麻均洗净。②将大米、莲子、黑芝麻放入豆浆机中，加水至上下水位线之间，按"米糊"键搅打均匀即可。

莲子有助于养心益肾。

# 产后第7天
# 营养食谱

## 🕐 AM7:00 白萝卜蛏子汤

**营养功效**：这道汤可以增强食欲，蛏子含钙量很高，是帮助新妈妈补钙的好食物。

原料：白萝卜50克，蛏子100克，葱花、姜片、蒜末、盐、食用油、料酒各适量。

做法：①将蛏子洗净，放入清水中泡2小时。②蛏子放入沸水中余烫一下，捞出，剥去外壳。③白萝卜洗净，削去外皮，切成细丝。④锅内放油烧热，放入蒜末、姜片炒香后，倒入清水、料酒。⑤将剥好的蛏子肉、白萝卜丝一同放入锅内炖煮，煮熟后放入盐、葱花即可。

蛏子泡在清水中时，放入适量食盐或香油，助其吐尽沙。

甜椒可以为新妈妈补充维生素C。

## 三丝木耳 🕐 AM10:00

**营养功效**：猪瘦肉和鸡肉都富含蛋白质，蛋白质是乳汁的重要成分，三丝木耳有助于补虚增乳。

原料：猪瘦肉丝、鸡肉丝各50克，干木耳6克，甜椒丝30克，姜丝、鸡蛋清、盐、黄酒、淀粉、食用油、香油各适量。

做法：①将干木耳放入温水中泡发，切丝。②猪瘦肉丝和鸡肉丝分别加盐、黄酒、淀粉和鸡蛋清拌匀。③锅中放油，油热后爆香姜丝，放入腌好的猪瘦肉丝和鸡肉丝翻炒，炒至肉丝变色时，放入木耳丝、甜椒丝翻炒，加盐调味。④最后用淀粉加水调成水淀粉勾芡，淋上香油即可。

　　产后新妈妈要勤晒太阳，并做一做产后保健操，这样可以促进骨盆恢复。另外，在饮食方面，食用肉类、动物肝脏、蛋类、奶类及鱼类食物时应烧熟煮透，以免引起腹泻。

## 荔枝虾仁
**AM12:00**

**营养功效：**此菜有助于开胃健脾，适合食欲缺乏的新妈妈食用。

**原料：**虾仁 100 克，荔枝果肉 100 克，鸡蛋清、盐、淀粉、葱末、姜丝、食用油各适量。

**做法：**①将虾仁洗净，切小块，加盐、鸡蛋清、淀粉拌匀。②将荔枝肉切小块。③炒锅中倒入油烧热，放入虾仁块炒散，再放入葱末、姜丝、荔枝肉块略炒，烹入水淀粉、盐炒匀即可。

荔枝性热，吃多了容易上火。

此饼饱腹感强，适合新妈妈晚餐食用。

## 豆腐馅饼
**PM6:00**

**营养功效：**豆腐富含植物蛋白和钙，热量低，易消化。

**原料：**豆腐 1 小块，面粉 1 碗，白菜半颗，姜末、葱末、盐、食用油各适量。

**做法：**①豆腐、白菜切碎，加入姜末、葱末、盐调成馅。②面粉加水和成面团，分成若干份，每份擀成薄面皮；每张面皮放入馅料包好捏紧，轻轻按压成扁平圆饼状。③将平底锅烧热，放入适量油，将馅饼煎至两面金黄即可。

## 豆浆莴苣汤
**PM9:00**

**营养功效：**豆浆营养丰富，易于消化吸收，有助于补虚增乳。

**原料：**莴苣 100 克，豆浆 200 毫升，姜片、葱段、盐、食用油各适量。

**做法：**①将莴苣洗净，茎去皮，切条；莴苣叶切段。②将锅置火上，倒入油烧至六成热时，放姜片、葱段稍煸炒出香味。③放入莴苣条、盐，大火炒至断生。④去姜片、葱段，将莴苣叶放入，并倒入豆浆，大火煮至熟透即可。

豆浆含有丰富的植物蛋白、维生素，尤其适宜新妈妈食用。

# 产后第 2 周：消水肿，丰乳汁

**新妈妈的身体变化**

**乳房：注意清洁**

乳房的保健是非常重要的。产后要保持乳房的清洁。新妈妈每次喂奶前后，都要把乳房清洗干净。

**恶露：明显减少**

这一周恶露明显减少，颜色也由暗红色变成了浅红色，有点血腥味但无恶臭。

**胃肠：不适应油腻汤水**

产后第 2 周，胃肠功能已经慢慢恢复，但是对油腻的汤水和食物还有些不适应。新妈妈不妨荤素搭配来吃，慢慢增强胃肠功能。

**伤口：仍有撕裂感**

侧切和剖宫产术后的伤口在这一周内还会隐隐作痛，下床走动时、移动身体时都有撕裂的感觉，但是没有第 1 周时痛感强烈，还是可以承受的。

**子宫：逐渐下降到盆腔中**

在分娩刚刚结束时，子宫颈因充血、水肿，会变得非常柔软，子宫壁也很薄，产后第 2 周时子宫颈口会慢慢闭合。子宫位置慢慢下降，逐渐回到盆腔中。

# 本周推荐食物

❶黄花菜：适当吃些黄花菜可帮助新妈妈身体尽快恢复，黄花菜有助于利水消肿，适合新妈妈本周经常食用。

❷虾：虾富含磷、钙，对产后乳汁分泌较少、胃口较差的新妈妈有补益作用。

❸豆腐：豆腐清淡、易消化。消化不良的新妈妈可以适量吃些豆腐以助消化、增进食欲。

❹牛肉：适宜产后身体虚弱的新妈妈食用。

听王老师怎么讲

# 产后第2周饮食调养方案

　　虽然产后第2周新妈妈的胃口要比之前好，但也要控制食量，不能暴饮暴食。本周新妈妈在情绪上和身体上都有了明显的好转，已经能渐渐适应产后的生活规律，体力也在慢慢恢复。此时恶露未尽，饮食上应适量吃有助于活血化瘀、消水肿的食物，保持饮食的多样化，做到膳食均衡。

## 1 宜：补充优质蛋白质

　　产后第2周，新妈妈伤口开始愈合。饮食上应注意多补充优质蛋白质，但仍需以鱼类、虾、蛋类、豆制品为主。本周饮食应多注意口味方面的调节，预防厌食，晚餐可做些咸鲜口味的，如黄花豆腐瘦肉汤等。

## 2 宜：循序渐进催乳

　　新妈妈的催乳食谱应循序渐进地安排，不宜操之过急。尤其是第2周胃肠功能尚在恢复中，乳腺还不够通畅，不宜食用大量油腻催乳汤，宜多吃易消化的带汤炖菜。饮食要以清淡为主，避免进食影响乳汁分泌的食物，如麦芽等。

### 饮食宜少吃生冷食物

　　月子里应少吃生、冷、硬的食物，因为新妈妈胃肠功能尚未完全恢复，食用生冷之物会对胃肠造成负担。

| AM 7:00 营养早餐 | + | AM 10:00 日间加餐 | + | AM 12:00 营养午餐 |

早餐原则：补充维生素。

午餐原则：补充蛋白质、钙和脂肪。

## 3 宜：利水消肿

新妈妈产后身体还是会有些水肿，因此，新妈妈应多补充些利于消肿的食物，同时还应注意食物的属性，尽量减少食用寒凉性的食物。

## 4 忌：过多食用燥热的补品、药膳

产后第2周，家人通常都会给新妈妈大补。补品、药膳大多性热，食用过多补品会导致新妈妈上火，引起内热，还会打乱饮食平衡，引发一些疾病，影响新妈妈的产后恢复。因此，新妈妈在食用补品、药膳的时候一定不能过量。

**TIPS 月嫂的掏心话**

对于哺乳妈妈而言，如果奶水不足，饮食中可以稍微增加一些汤类。如果新妈妈的泌乳量正常，能够满足宝宝所需，可以不用额外加餐，否则会让新妈妈的体重增加。

- 虽然胃肠功能已慢慢恢复，但饮食还是不要太过油腻。
- 产后第2周的饮食宜多加一些通乳食材。
- 新妈妈要养成定时排便的习惯，以防便秘。
- 新妈妈必须经常清洗乳房，保持乳房清洁。
- 新妈妈要留心观察恶露的质和量、颜色及气味的变化，以便掌握子宫复原情况。
- 顺产妈妈产后第2周可以洗澡了，不过一定要淋浴，且不宜超过10分钟。
- 千万不要用冷水洗脚。
- 定时开窗通风很重要。

### 每天摄入适量水分

宝宝要依靠新妈妈的乳汁来补充水分，哺乳妈妈饮水量不足时，会使乳汁分泌量减少，所以应注意补充水分。

早餐 ｜ 加餐 ｜ 午餐 ｜ 晚餐 ｜ 加餐

**＋** PM 6:00 花样晚餐 **＋** PM 9:00 晚间加餐 **＝** 养血补气，下奶通乳。

补血通乳、消水肿、益胃肠，缓解疲劳体虚、产后虚冷。

晚餐原则：健脾胃，补气血，安心神。

**补充全面的营养**

饮食要全面摄取碳水化合物、脂肪、蛋白质、维生素、矿物质等，这样有利于分泌出高质量的乳汁。

# 产后第 8 天
# 营养食谱

---

### ♪ AM7:00 大米香菇鸡丝粥

此粥鲜香味浓，要少加盐。

**营养功效：** 此粥有助于改善新妈妈产后气血亏虚所致的失眠健忘、小便不利、水肿、乳汁分泌不足等症状。

原料：干黄花菜 5 克，香菇、鸡丝各 20 克，大米 30 克，盐、香油各适量。

做法：①将干黄花菜泡软，洗净，在沸水中煮熟捞出；香菇洗净，切丝；鸡丝汆烫后捞出，备用；大米洗净，备用。
②将大米放入锅中，加适量水烧开，转小火熬煮至将熟时，放入黄花菜、香菇丝、鸡丝，熬煮至粥软烂稠浓，加盐调味，淋上香油即可。

### 鲢鱼丝瓜汤 ∖ AM10:00

鲢鱼在下锅前可以先腌制一下去腥。

**营养功效：** 此汤有补中益气、生血通乳的作用。

原料：鲢鱼 1 条，丝瓜 200 克，葱段、姜片、白糖、盐、料酒各适量。

做法：①鲢鱼处理干净，切段；丝瓜去皮，洗净，切条。
②鲢鱼段放入锅中，加入料酒、白糖、姜片、葱段和适量清水，大火煮沸后转小火慢炖 10 分钟后，加入丝瓜条。
③煮至鲢鱼段、丝瓜条熟透后，加盐调味即可。

新妈妈身体的恢复和宝宝营养的摄取均需要各种营养物质。所以,新妈妈尽量不要偏食和挑食,要讲究食物粗细搭配、荤素搭配。

## 紫菜包饭

**AM12:00**

**营养功效:** 紫菜可补充铁元素,改善新妈妈产后贫血状况。

**原料:** 糯米 100 克,鸡蛋 1 个,紫菜 1 张,火腿、黄瓜、沙拉酱、米醋各适量。

**做法:** ①黄瓜、火腿切条,加入米醋腌制;糯米蒸熟,倒入少许米醋,拌匀晾凉。②将鸡蛋摊成薄饼,切丝。③将糯米平铺在紫菜上,再摆上黄瓜条、火腿条、鸡蛋丝、沙拉酱,卷起来,切成约 3 厘米宽的厚段即可。

切紫菜卷之前用凉水沾湿刀刃,以免米粒粘在上面。

这道汤不仅利水消肿,还可以催乳。

## 黄花豆腐瘦肉汤

**PM6:00**

**营养功效:** 黄花菜有助于利水消肿,与豆腐和猪瘦肉同食,有益于补气养血。

**原料:** 猪瘦肉 100 克,干黄花菜 5 克,豆腐 150 克,盐适量。

**做法:** ①将干黄花菜用水泡软、洗净。②猪瘦肉洗净,切小块;豆腐切大块,备用。③将黄花菜和猪瘦肉块一起放入锅中,加入适量水,用大火煮沸,再改用小火煲 1 小时。④放入豆腐块再煲 10 分钟,加盐调味即可。

## 绿豆薏米粥

**PM9:00**

**营养功效:** 此粥可助新妈妈排出体内多余的水分,也有助于预防产后便秘。

**原料:** 绿豆、薏米各 50 克,红枣 3 颗,红糖适量。

**做法:** ①薏米、绿豆、红枣分别洗净;绿豆在水中浸泡 2 小时备用;红枣去核,切片。②所有原料放入锅中,加入适量水大火煮开后转小火,熬煮 30 分钟至粥熟烂,加入红糖调味即可。

绿豆可用红小豆来代替。

# 产后第 9 天
# 营养食谱

 **AM7:00** **鳗鱼饭**

**营养功效：** 鳗鱼有助于补虚强身，还有助于通乳，提升乳汁质量。

原料：热米饭半碗，鳗鱼 1 条，竹笋 2 根，油菜 2 棵，盐、酱油、食用油、高汤各适量。

做法：①鳗鱼洗净，斩段，放入盐、酱油腌制 30 分钟；竹笋、油菜分别洗净，竹笋切片，油菜掰开。②把腌好的鳗鱼放入预热后的烤箱，温度调到 180℃，烤熟。③油锅烧热，放入竹笋片、油菜略炒，放入烤熟后的鳗鱼，加入高汤、盐，待汤汁收干即可出锅，浇在米饭上即可。

处理鳗鱼的时候，建议把鱼肚里的黑色薄膜去掉。

**丝瓜虾仁糙米粥** **AM10:00**

**营养功效：** 糙米有助于促进肠道蠕动，丝瓜和虾仁则能为新妈妈补充丰富的营养。

原料：丝瓜 50 克，虾仁 40 克，糙米 60 克，盐适量。

做法：①糙米清洗后加水浸泡约 1 小时；丝瓜洗净，切条。②将虾仁洗净，与糙米一同放入锅中，加入 2 碗水，用中火煮至粥将熟。③丝瓜条放入粥内，煮至粥浓稠，加入少许盐调味即可。

这道粥中含有多种微量元素和维生素，营养丰富。

哺乳妈妈在催乳的同时，也要积极预防产后贫血，豆芽炒肉丁、红小豆酒酿蛋都是方便易做的补血食谱。催乳阶段慎食具有回乳作用的食物，如大麦及其制品。

---

## AM12:00 豆芽炒肉丁

**营养功效：**绿豆芽有助于利尿、消肿，可缓解产后水肿。

原料：绿豆芽 50 克，猪肉 100 克，高汤、盐、食用油、酱油、白糖、葱花、姜片、淀粉各适量。

做法：①将绿豆芽洗净；猪肉洗净，切丁，用淀粉抓匀上浆。②锅中放油，烧热，将猪肉丁放入锅中翻炒，倒入漏勺沥油。③锅中放入葱花、姜片爆香，放入绿豆芽、酱油略炒，再放入白糖，加高汤、盐，用小火煮沸，放入猪肉丁炒熟即可。

绿豆芽有助于补肾滋阴。

虾肉营养丰富，是很好的进补食物。

## 大虾炖豆腐 PM6:00

**营养功效：**虾有助于通乳，对产后乳汁分泌不畅的新妈妈尤为适宜。

原料：大虾、豆腐各 50 克，姜片、盐各适量。

做法：①将虾线挑出，去掉虾须，洗净；豆腐洗净，切成小块。②锅内放适量水烧开，放入处理好的虾、豆腐块和姜片，煮沸后撇去浮沫，转小火炖至虾肉熟透，最后放入盐调味，去掉姜片即可。

## PM9:00 红小豆酒酿蛋

**营养功效：**此汤是南方地区新妈妈坐月子的一道常备补品，有助于通乳下奶。

原料：红小豆 20 克，糯米酒 200 毫升，鸡蛋 1 个，红糖适量。

做法：①红小豆洗净，用清水浸泡 1 小时。②将浸泡好的红小豆和浸泡红小豆的水一同放入锅内，用小火将红小豆煮烂。③将糯米酒倒入煮烂的红小豆汤内，烧开。④倒入打散的鸡蛋，待鸡蛋凝固熟透后，加入适量红糖即可。

酒酿本身有甜味，因此，此汤不需要加太多红糖。

# 产后第 10 天营养食谱

## AM7:00 菠菜鱼片汤

**营养功效：** 此汤含有丰富的蛋白质、脂肪、钙、磷、铁、锌和多种维生素，有助于通乳、增乳、调养身体。

原料：鲤鱼 1 条，菠菜 50 克，葱段、姜片、盐、食用油各适量。

做法：①将鲤鱼处理干净，清洗后去骨切成约 0.5 厘米厚的薄片，用盐腌 20 分钟；菠菜择洗干净，切段。②锅中放油，待油烧至五成热时，放入姜片和葱段，爆出香味，再下鱼片略煎。③加入适量清水，用大火煮沸后改用小火煮 5 分钟，放入菠菜段略煮，加盐调味即可。

菠菜下锅前可以用开水焯一下，降低草酸含量。

鸡肉对营养不良、虚弱的新妈妈有很好的食疗作用。

## 芦笋鸡丝汤 AM10:00

**营养功效：** 芦笋有助于清热解毒、生津利水，可以帮助缓解产后水肿。

原料：芦笋、鸡胸肉各 50 克，金针菇 20 克，鸡蛋清、高汤、淀粉、盐、香油各适量。

做法：①鸡胸肉切长丝，用鸡蛋清、盐、淀粉拌匀腌 20 分钟；芦笋洗净，切成长段；金针菇洗净，沥干。②鸡肉丝先用开水汆烫，见鸡肉丝散开即捞起沥干。③锅中放入高汤，加鸡肉丝、芦笋段、金针菇同煮，待熟后加盐调味，淋上香油即可。

愉快的心情、规律的生活、健康的饮食都有利于乳汁的分泌。哺乳妈妈可以吃些催乳的食物，如虾仁、鲫鱼等，但也要注意适量食用。

---

## ❶ 茭白炒肉丝
**AM12:00**

**营养功效**：此菜有助于催乳，同时还有助于预防产后便秘。

原料：茭白100克，猪肉丝50克，葱花、高汤、淀粉、盐、食用油各适量。

做法：①茭白削皮，切片；高汤、淀粉调成芡汁。②炒锅放在火上，倒入油烧至五成热，放入茭白片、肉丝翻炒，加盐，烹入芡汁，收汁沥油，炒匀，撒上葱花即可。

茭白有清热利湿、利尿的效果，营养很丰富。

## 荷兰豆烧鲫鱼
**PM6:00**

**营养功效**：鲫鱼有健脾利湿的功效。

原料：荷兰豆30克，鲫鱼1条，黄酒、酱油、白糖、姜片、葱段、盐、食用油各适量。

做法：①将鲫鱼处理干净；荷兰豆择去两端，洗净，切成段。②在锅中放入适量油，烧热后，爆香姜片和葱段，放入鲫鱼煎至两面金黄。③加入黄酒、酱油、白糖、荷兰豆段和适量水，将鲫鱼烧熟，加盐调味即可。

荷兰豆炒食之前放入沸水中焯烫一下，口感会更好。

## ❷ 红小豆花生乳鸽汤
**PM9:00**

**营养功效**：此汤营养丰富，不仅可以帮助哺乳妈妈分泌乳汁，还能促进伤口愈合。

原料：乳鸽1只，红小豆、花生仁、干桂圆、盐各适量。

做法：①红小豆洗净，用清水浸泡1小时。②乳鸽洗净，斩块，在沸水中氽烫一下，去除血水。③在砂锅中放入适量清水，烧沸后放入乳鸽块、红小豆、花生仁、干桂圆，大火煮沸后改用小火煲，熟透后加盐调味即可。

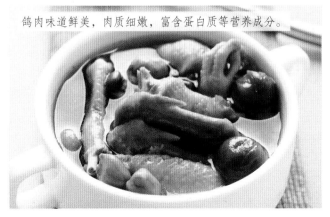

鸽肉味道鲜美，肉质细嫩，富含蛋白质等营养成分。

# 产后第 11 天
# 营养食谱

## AM7:00 牛奶馒头

**营养功效**：不喜欢喝牛奶的新妈妈可尝试通过吃牛奶馒头来补钙。

原料：面粉 1 碗，鲜牛奶 250 毫升，白糖、发酵粉各适量。

做法：①面粉放入盆中，加入鲜牛奶、白糖、发酵粉搅拌，直至面粉成絮状；把絮状面粉揉成团，放置温暖处发酵 1 小时左右。②把醒发好的面团放在案板上用力揉 10 分钟，尽量使面团内部无气泡。将面团搓成圆柱状，用刀切成等分小块，揉成馒头坯，放入蒸笼里，盖上盖儿，再次醒发 20 分钟。③凉水上锅，蒸 20 分钟即可。

可以根据个人喜好决定加糖量。

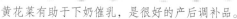

黄花菜有助于下奶催乳，是很好的产后调补品。

## 三丝黄花羹 AM10:00

**营养功效**：丰富的食物摄入，会使新妈妈的乳汁营养丰富，供给宝宝的营养也会更全面。

原料：干黄花菜 5 克，香菇 5 朵，冬笋、胡萝卜各 50 克，盐、食用油、白糖各适量。

做法：①将干黄花菜放入温水中泡软，洗净，沥干水分；香菇、冬笋、胡萝卜均洗净，切丝。②锅内放油烧至七成热，放入黄花菜和冬笋丝、香菇丝、胡萝卜丝快速煸炒。③加入清水、盐、白糖，用小火煮至黄花菜入味，三丝完全熟透即可。

哺乳妈妈在催乳的同时，不要忘了预防贫血，增强抵抗力。同时，要避免吃一些过于辛辣的食物，如辣椒、大蒜等。非哺乳妈妈进补的食物热量要相应低一些，以免影响产后身材的恢复。

---

### ● AM12:00 木瓜煲牛肉

**营养功效：** 木瓜有助于补虚、通乳，可以促使新妈妈分泌乳汁。

原料：木瓜 70 克，牛肉 50 克，盐适量。

做法：①木瓜去皮，去子，切成小块；牛肉洗净，切成小块。②将牛肉块放入沸水中氽烫，除去血水，捞出。③锅中加适量水，加入牛肉块，大火烧沸，转小火炖至牛肉块熟烂后，加入木瓜块炖 10 分钟，加盐调味即可。

牛肉蛋白质含量高，有助于强筋健骨。

用此法蒸出来的黄花鱼口感嫩滑，腥味少。

### 清蒸黄花鱼 ● PM6:00

**营养功效：** 此道菜不仅味道鲜美，而且营养丰富，新妈妈经常食用有助于健脾开胃、益气安神。

原料：黄花鱼 1 条，料酒、姜片、葱段、盐、食用油各适量。

做法：①黄花鱼洗净，用盐均匀涂抹，将姜片铺在黄花鱼上，淋上料酒，放入锅中用大火蒸熟。②黄花鱼蒸好后把姜片拣去，倒掉腥水，然后将葱段铺在黄花鱼上。③锅中倒入油烧热，把烧热的油浇到黄花鱼上。

### ● PM9:00 酒酿鱼汤

**营养功效：** 酒酿鱼汤是我国南方地区新妈妈喜欢的一道月子餐，在产后第 2 周可适当喝些。

原料：黄花鱼 1 条，米酒、姜片、香油各适量。

做法：①黄花鱼去鳞、去鳃、去内脏，洗净，斩块。②香油倒入锅内，用大火烧热，放入姜片，转小火，煎至姜片两面皱缩。③改大火，放入黄花鱼和米酒煮开，盖上盖儿后转小火，待鱼煮熟即可。

此汤味道鲜美，新妈妈常喝有利于乳汁分泌。

# 产后第 12 天
# 营养食谱

## ⏰ AM7:00 蛋奶炖布丁

**营养功效：**此炖品有助于滋阴养肝、清热生津、下奶催乳，适宜新妈妈食用。

原料：鲜牛奶 250 毫升，鸡蛋 1 个，白糖、食用油各适量。

做法：①布丁模洗净擦干，涂一层薄油备用，牛奶分两份，一份加入白糖，放在小火上加热至白糖溶化。②锅中加少量水和白糖，小火慢熬至金黄色后，趁热倒入布丁模内。③鸡蛋搅匀，加入余下的冷牛奶搅拌，再倒入热牛奶搅匀，用纱布过滤即成蛋奶浆。④将蛋奶浆倒入布丁模内八分满，放入锅中小火炖 20 分钟，至蛋奶浆中心熟透即可出锅，冷却即食。

此炖品口感爽滑、味道清甜，适合新妈妈常食。

猪排骨余水时可以加适量料酒去腥。

## 猪排炖黄豆芽汤 ⏰ AM10:00

**营养功效：**猪排骨为滋补强身的佳品，可缓解新妈妈频繁喂奶的疲劳。

原料：猪排骨 150 克，黄豆芽 80 克，葱段、姜片、盐各适量。

做法：①将猪排骨洗净后，剁成约 4 厘米长的段，放入沸水中余去血沫，捞出。②砂锅内放入热水，将猪排骨段、葱段、姜片一同放入锅内，小火炖熟。③放入黄豆芽，用大火煮沸，再用小火炖 10 分钟，放入适量盐调味即可。

为了宝宝的健康成长，哺乳妈妈应该尽量做到不挑食、不偏食，常吃有助于下奶、补血食物，同时也要注意补钙，虾、鱼汤、牛奶等都是不错的选择。

## AM12:00　金针菇拌肥牛

**营养功效：**肥牛富含蛋白质和矿物质，营养十分丰富。

原料：肥牛片 250 克，金针菇 100 克，葱花、香菜、盐、白糖、蚝油、香油各适量。

做法：①金针菇洗净，放入开水中焯熟，过凉备用；再放入肥牛片余烫，变色后捞出，过凉备用。②将金针菇、肥牛片放入人碗中，加入蚝油，再加入少许盐、白糖、香油拌匀，撒上切碎的葱花、香菜即可。

金针菇有助于提高新妈妈的免疫力。

虾肉和牛奶同食，有助于催乳、通乳。

## 虾仁奶汤羹　PM6:00

**营养功效：**此汤羹适合身体虚弱、泌乳少的新妈妈食用。

原料：鲜虾仁 50 克，胡萝卜半根，西蓝花 70 克，葱段、姜片、牛奶、盐各适量。

做法：①鲜虾仁、胡萝卜、西蓝化分别洗净；胡萝卜切片；西蓝花掰小块。②锅内放入葱段、姜片、胡萝卜片、西蓝花块，加牛奶，大火烧开，加入虾仁后煮 10 分钟，加盐调味即可。

## PM9:00　丝瓜蛋汤

**营养功效：**丝瓜蛋汤色泽鲜艳，味道鲜美，含有蛋白质、钙、锌、维生素 C 等多种营养物质，对月子期间的新妈妈有很好的进补和催乳功效。

原料：鸡蛋 1 个，丝瓜 50 克，盐适量。

做法：①鸡蛋打散在容器中；丝瓜洗净，去皮，切块。②锅中放水，放入丝瓜块，水开后煮熟，倒入鸡蛋液，起锅前放入盐调味即可。

丝瓜煮汤可以保留其清甜鲜美的味道。

# 产后第 13 天
# 营养食谱

## AM7:00 通草鲫鱼汤

**营养功效：** 通草与鲫鱼共煮制汤，可温中下气、利水通乳，此为缺乳的新妈妈常备的一道汤。

原料：鲫鱼 1 条，通草 3 克，姜片、盐各适量。

做法：①将鲫鱼去鳞、鳃、内脏，洗净。②锅置火上，加入适量清水，放入处理好的鲫鱼，用小火炖煮 15 分钟。③放入通草、姜片、盐，炖煮 10 分钟，即可食鱼饮汤。

此汤味道鲜美、易消化，特别适合脾胃虚弱的新妈妈食用。

不同品牌的虾酱咸度不同，腌鸡翅时要考虑其咸度。

## 虾酱蒸鸡翅 AM10:00

**营养功效：** 虾酱营养丰富，富含蛋白质、钙、铁、磷、硒等营养物质，在增加泌乳量的同时也有助于提高母乳质量。

原料：鸡翅中 100 克，虾酱、姜片、淀粉、盐、白糖各适量。

做法：①鸡翅中洗净，沥干水分，在翅中上划几刀，用淀粉和盐腌制 15 分钟。②将腌好的鸡翅中放入一个较深的容器中，加入虾酱、姜片、白糖和适量的盐拌匀，盖上盖儿。③放进微波炉中用大火蒸 10 分钟即可。

随着宝宝食量的增加，新妈妈如果乳汁分泌量不够多，可适量食用有助于催乳的食物。

水果摄入量不够容易导致产褥期便秘，新妈妈产后可以每天吃少量水果，如半个苹果、半根香蕉等，数日后可逐渐增加摄入量。

---

## AM12:00　豌豆炒鳕鱼丁

**营养功效：**豌豆有助于促进乳汁分泌，而鳕鱼肉中含有丰富的维生素 A 和不饱和脂肪酸，营养丰富。

原料：豌豆 100 克，鳕鱼 200 克，盐、食用油各适量。

做法：①鳕鱼洗净，去皮、去骨，切成小丁；豌豆洗净。②油锅烧热，倒入豌豆翻炒片刻，再倒入鳕鱼丁，加盐翻炒，待食材熟透即可。

鳕鱼可提前用料酒腌制片刻去腥提味。

黄花鱼煎至两面金黄再煮可使汤色发白，汤味鲜美。

## 黄花鱼豆腐煲　PM6:00

**营养功效：**黄花鱼富含维生素，有助于健脾养胃。

原料：黄花鱼 1 条，香菇 4 朵，春笋 20 克，豆腐 1 块，高汤、酱油、盐、食用油、白糖、水淀粉各适量。

做法：①黄花鱼处理干净，切段；豆腐切小块；香菇、春笋切片。②黄花鱼放入油锅中，煎至两面金黄时，加入酱油、白糖、春笋片、香菇片、高汤，大火煮沸，再放入豆腐块，转小火炖至熟透，用水淀粉勾芡，加盐调味即可。

## PM9:00　菠菜鸡蛋汤

**营养功效：**此汤富含维生素，营养丰富。

原料：鸡蛋 2 个，菠菜 50 克，盐、食用油各适量。

做法：①菠菜洗净，切段，放入沸水中焯烫片刻，捞出，备用；鸡蛋打成蛋液，备用。②锅中热油，放入焯好的菠菜段，翻炒几下，加入适量水。③待水沸后倒入鸡蛋液，搅拌成蛋花，最后加盐调味即可。

出锅前淋点麻油或香油味道更好。

# 产后第 14 天
# 营养食谱

## 🕖 AM7:00 红小豆饭

**营养功效：** 红小豆含有丰富的膳食纤维，有助于润肠通便、降压降脂、利水消肿。

原料：红小豆 30 克，大米 40 克，樱桃、香菜叶各适量。

做法：①红小豆洗净，浸泡一夜，再将浸泡的水去掉，用清水冲几遍。②锅中放入适量水，再放入红小豆，煮至八成熟。③把煮好的红小豆和煮豆水一起倒入淘洗干净的大米中，上锅蒸熟，放上香菜叶、樱桃点缀即可。

可以根据个人口味加入白糖食用，味道更佳。

木瓜不仅有助于催乳，还可以帮助消化，防治便秘。

## 奶汁百合鲫鱼汤 🕙 AM10:00

**营养功效：** 此汤有助于益气养血、补虚通乳，是帮助哺乳妈妈分泌乳汁的佳品。

原料：鲫鱼 1 条，牛奶 150 毫升，木瓜 20 克，鲜百合 15 克，盐、食用油、葱末、姜末各适量。

做法：①鲫鱼处理干净；木瓜洗净，切小片。②锅中放入适量油烧热，将鲫鱼两面煎黄，加水，大火烧开，再放入葱末、姜末，改小火慢炖。③当汤汁颜色呈奶白色时放木瓜片，加盐调味，再放入牛奶和鲜百合稍煮即可。

新妈妈产后需要长时间调养才能恢复元气，所以新妈妈每天宜按时定量进餐，补充全面的营养，以帮助身体恢复。哺乳妈妈可以适量多吃些豆制品，补充优质蛋白，同时也可促进宝宝大脑发育。

## AM12:00 葱烧海参

**营养功效**：此菜品滋阴、补血，有助于缓解产后体虚。

**原料**：海参 150 克，葱段、姜片、白糖、水淀粉、酱油、盐、食用油各适量。

**做法**：①海参去肠，切片，用开水余烫一下捞出。②锅中放油，烧到八成热，放入葱段，炸成金黄色后捞出。③将锅中的葱油烧热，放入海参片和姜片，调入酱油、白糖、盐，用中火煨熟海参，调入水淀粉勾芡即可。

选购海参时要挑选个体均匀、颜色为黑灰色或灰色的优质海参。

食用胡萝卜有助于提高新妈妈的免疫力。

## 黄花菜胡萝卜炒香菇 PM6:00

**营养功效**：黄花菜不仅营养丰富，还有助于催乳。

**原料**：干黄花菜 5 克，香菇 3 朵，胡萝卜半根，盐、食用油各适量。

**做法**：①干黄花菜泡发，放入沸水中焯烫，捞出；香菇去蒂，洗净，切丝；胡萝卜洗净，切丝。②油锅烧热，放入香菇丝炒香，再放入胡萝卜丝和黄花菜，快速翻炒片刻，待黄花菜熟软，加盐调味即可。

## PM9:00 木瓜牛奶蒸蛋

**营养功效**：木瓜有助于催乳下奶，牛奶和鸡蛋更是新妈妈坐月子补益佳品。

**原料**：木瓜半个，鸡蛋 1 个，牛奶 200 毫升。

**做法**：①木瓜去皮、去子，切块，平铺碗底；鸡蛋打入另一个碗内搅散。②牛奶加温，加入蛋液内，牛奶和蛋液的比例大概是 1:4。③把牛奶、蛋液倒入装木瓜的碗里，隔水蒸 10 分钟即可。

口感嫩滑，味道清甜，适合新妈妈食用。

# 产后第 3 周：养气血，抗抑郁

**新妈妈的身体变化**

**乳房：乳汁增多**

产后第 3 周，乳房开始变得比较饱满，肿胀感也在减退，乳汁渐渐浓稠起来。每天哺喂宝宝的次数增多，偶尔会有溢乳的现象，新妈妈要及时更换乳垫，保持内衣清洁，还要避免粗糙衣物刺激乳头。

**恶露：不再含有血液**

产后第 3 周是白色恶露期，此时的恶露已不再含有血液，而是含有大量的白细胞、退化蜕膜和表皮细胞，恶露变得黏稠而色泽较白。新妈妈不要误认为恶露已尽，就不注意会阴的清洗和保护，白色恶露还会持续 1~2 周的时间。

**胃肠：食欲增强**

随着宝宝食量的增加，新妈妈的食欲也恢复到从前，时常出现饥饿感。通过产后前 2 周的调整和进补，胃肠已适应了少食多餐、汤水为主的饮食习惯。

**伤口及疼痛：明显好转**

会阴侧切的伤口已没有明显的疼痛感，但是剖宫产妈妈的伤口内部还会出现时有时无的疼痛，只要不持续疼痛，没有分泌物从伤口处溢出，一般再过 2 周就可以恢复正常了。

**子宫：回复到骨盆内**

产后第 3 周，子宫已回复到骨盆内的位置，子宫内的污血快排干净了，子宫将呈真空状态，此时雌激素的分泌将会增强，子宫的功能也会恢复。

# 本周推荐食物

**❶桂圆**：桂圆可补心脾、补气血、安神，适合产后体虚、气血不足或贫血的新妈妈食用。

**❷枸杞子**：枸杞子是营养丰富的天然食物，具有一定的调节和改善免疫功能的作用。

**❸鳝鱼**：鳝鱼富含蛋白质，又能补气血，特别适合身体虚弱的新妈妈食用。

**❹板栗**：板栗含有碳水化合物、蛋白质、钾和多种维生素，可以提高免疫力，适合新妈妈食用。

听王老师怎么讲

# 产后第3周饮食调养方案

产后第3周，新妈妈已经熟悉了喂养宝宝的规律，精神欠佳的状况也有所改善。子宫继续收缩，且已完全进入盆腔。本周可以适当进补，适量吃乌鸡、虾、牛肉等食物。饮食安排应健康合理，以补充身体消耗，改善不适症状。

## 1 宜：进补之余增加果蔬的摄入

身体复原较好的新妈妈，本周可以适当加强进补，但仍不要过多食用燥热食物，否则可能会引发乳腺炎、尿道炎、便秘或痔疮等。从本周开始，可以适当增加水果的食用量，蔬菜的摄入量也要开始增加，以预防便秘。

## 2 宜：多吃补血食物

从第3周开始，新妈妈的胃口有了明显的好转。这时候新妈妈可以适量吃一些传统补血食物，调理气血，如红枣、阿胶、胡萝卜、猪蹄、花生、枸杞子等。

## 饮食要讲究食物荤素搭配

本周新妈妈虽然可以进补，但也要注意食物荤素搭配，一直吃大补的荤食，容易导致消化不良，甚至引起上火。

AM 7:00 营养早餐 ✚ AM 10:00 日间加餐 ✚ AM 12:00 营养午餐

早餐原则：富含维生素。

午餐原则：高钙、富含膳食纤维。

# 3 宜：适量食用香油

香油中含有丰富的不饱和脂肪酸，有助于促进子宫收缩和恶露排出，帮助子宫尽快复原。不仅如此，香油还具有润肠通便的功效，可以帮助新妈妈缓解产后便秘。

# 4 忌：食用易过敏食物

新妈妈产前没有吃过的东西，产后尽量不要食用，以免发生过敏现象。在食用某些食物后如果发生全身发痒、心慌、气喘、腹痛、腹泻等现象，应想到很可能是食物过敏，要立即停止食用这些食物。食用肉类、动物内脏、蛋类、奶类、鱼类时应烹至熟透，降低过敏风险。

## TIPS 月嫂的掏心话

产后新妈妈身体虚弱，肠道消化能力也弱，除了食物要做得软烂外，还要满足新妈妈营养需要，促进营养吸收，所以月子餐要做的美味可口，以增强新妈妈食欲。

- 剖宫产妈妈可以洗澡了，但也用要淋浴，时间不宜超过 10 分钟。
- 不要长时间睡空调房。
- 乳房开始变得比较饱满，肿胀感也在减少，乳汁渐渐浓稠。
- 新妈妈食欲基本恢复如初。
- 产后第 3 周的饮食以养气血为主。
- 注意会阴的清洗和保护。
- 哺乳妈妈的早餐非常重要。哺乳妈妈需要更多的能量来喂养宝宝，所以早餐要比平常更丰富。

## 按时定量进餐

哺乳妈妈不要放松对身体的呵护，除了要安排好自己的进餐时间外，还要根据宝宝吃奶的需求，适量加餐。

🕐 早餐 🕑 加餐 🕙 午餐 ❙ 晚餐 🕗 加餐

+ **PM 6:00** 花样晚餐 + **PM 9:00** 晚间加餐 = **补血安神，益气养肾。**
增强新妈妈的免疫力。

晚餐原则：益气补虚、温中暖下。

**饮食得当，改善体质**
新妈妈可以利用月子期的合理饮食和健康生活方式，改善便秘、怕冷等状况。

# 产后第 15 天
# 营养食谱

**AM7:00** ## 枣莲三宝粥

**营养功效：**绿豆有助于利湿除烦，莲子有助于安神强心，红枣有助于补血养血，三者同食可益气强身，适宜产后虚弱的新妈妈食用。

原料：绿豆 20 克，大米 80 克，红枣 5 颗，莲子适量。

做法：①绿豆、大米淘洗干净；莲子、红枣洗净。②将绿豆和莲子放在带盖的容器内，加入适量开水闷泡 1 小时。③将闷泡好的绿豆、莲子放入锅中，加适量水烧开，再加入红枣和大米，用小火煮至豆烂粥稠即可。

莲子与绿豆同食，既有助于清心醒脾，又能补元气。

干贝肉质细嫩，营养丰富，是滋补佳品。

## 干贝冬瓜汤
**AM10:00**

**营养功效：**干贝具有养气补血、滋阴补肾的功效，搭配冬瓜煮汤，还有利水的作用。

原料：冬瓜 150 克，干贝 50 克，盐、料酒、姜末各适量。

做法：①冬瓜削皮，洗净，去子后切成片；干贝洗净，浸泡 30 分钟，去掉老肉。②干贝放入碗内，加入料酒、清水，清水以没过干贝为宜，隔水用大火蒸 30 分钟。③干贝晾凉后撕成块；冬瓜片、干贝块放入锅内，加水煮 15 分钟。④出锅时加入盐调味，撒上姜末即可。

　　产后新妈妈可通过心理减压法来摆脱抑郁的困扰。另外,新妈妈多吃水果和蔬菜,保持身体健康也有助于情绪稳定。可以做一些产后体操或瑜伽,也可以在晴朗天气里晒晒太阳,与朋友们谈心聊天,多进行一些放松身心的活动。

## AM12:00 冬笋雪菜黄花鱼汤

**营养功效:** 黄花鱼可健脾和胃,也有助于缓解产后抑郁。

原料:黄花鱼 1 条,干冬笋、雪菜各 10 克,葱花、姜片、盐、食用油各适量。

做法:①将黄花鱼处理干净,用盐腌 20 分钟。②干冬笋泡发,切片;雪菜洗净,切段。③油锅烧热,将黄花鱼两面煎黄,加清水煮沸,放入冬笋片、雪菜段、姜片,大火烧开后改用小火煮至熟透,出锅前放盐、葱花即可。

这道菜补气开胃、填精安神,很适合新妈妈食用。

丝瓜富含膳食纤维,有助于促进肠蠕动。

## 丝瓜金针菇 PM6:00

**营养功效:** 丝瓜有助于增强食欲,缓解疲劳,还能清热。

原料:丝瓜 100 克,金针菇 20 克,水淀粉、盐、食用油各适量。

做法:①丝瓜洗净,去皮,切段,加少许盐腌一下。②金针菇洗净,放入开水中焯烫一下,捞出并沥干水分。③油锅烧热,放入丝瓜段,快速翻炒几下,放入金针菇同炒,加盐调味。④出锅前加水淀粉勾芡,翻炒均匀即可。

## PM9:00 蛤蜊豆腐汤

**营养功效:** 蛤蜊含有蛋白质、脂肪、铁、钙、磷、碘等,可以帮助新妈妈抗压舒眠。

原料:蛤蜊 200 克,豆腐 100 克,姜片、盐、香油各适量。

做法:①在清水中滴入少许香油,放入蛤蜊,让蛤蜊彻底吐净泥沙,冲洗干净,备用;豆腐切成块。③锅中放水、盐和姜片大火煮沸,把蛤蜊和豆腐块一同放入。④转中火继续煮,待蛤蜊张开壳、豆腐块熟透后关火即可。

蛤蜊的咸鲜味会渗入豆腐中,让新妈妈胃口大开。

# 产后第 16 天
# 营养食谱

## ♪ 肉丸粥
**AM7:00**

**营养功效：** 猪肉能为新妈妈提供优质蛋白质和脂肪酸，还可以改善新妈妈气血不足的症状。

原料：猪肉 50 克，大米 30 克，鸡蛋清、姜末、葱花、盐、黄酒、淀粉各适量。

做法：①将大米洗净；猪肉洗净，剁成肉泥，加入葱花、姜末、盐、黄酒、蛋清和淀粉，同一方向搅拌均匀。②锅内放入大米和适量清水，大火烧沸。③熬至粥将熟时，将肉泥挤成丸子状，放入粥内，熬至肉丸熟透后关火，撒入葱花即可。

适当吃猪肉可以补虚强身。

汤面容易消化，又健脾暖胃，适合新妈妈食用。

## 什锦面 ♪
**AM10:00**

**营养功效：** 什锦面营养丰富，富含膳食纤维，还易于消化。

原料：面条 100 克，肉馅 50 克，胡萝卜半根，香菇 1 朵，豆腐皮 1 张，鸡蛋清、香油、盐、鸡骨头各适量。

做法：①用洗净的鸡骨头熬汤；香菇、胡萝卜洗净，切丝；豆腐皮洗净，切丝；在肉馅中加入蛋清后将其挤成小丸子，氽熟。②把面条放入熬好的鸡骨头汤中煮熟，再放入香菇丝、胡萝卜丝、豆腐皮丝和小丸子煮熟，调入盐、香油即可。

新妈妈产后容易出现悲伤、沮丧、忧愁、茫然等不良情绪，尤其二孩妈妈更要谨防抑郁，要以乐观、健康的心态去应对所处的环境。平时除了要保证充足的睡眠外，还要注意不要过度疲劳。闲暇时可听一些轻柔、舒缓的音乐。

---

## 芹菜炒猪肝
**AM12:00**

**营养功效：**芹菜有平肝降压、美容养颜之功效。

原料：猪肝、芹菜各 100 克，葱花、姜末、香菜段、淀粉、盐、食用油各适量。

做法：①芹菜洗净，切段；猪肝洗净，除去筋膜，切片，放入碗中，加葱花、姜末、淀粉，搅拌均匀。②油锅烧热，将葱花、姜末爆香后，放入猪肝片，翻炒一会儿加入芹菜段、盐翻炒至熟，撒上香菜段即可。

猪肝可以补铁养血，芹菜有助于镇静安神。

## 当归生姜羊肉煲
**PM6:00**

**营养功效：**此煲可补气养血，对产后血虚的新妈妈有益。

原料：羊肉 200 克，当归 2 克，姜片、葱段、盐、料酒各适量。

做法：①羊肉洗净、切块，用热水余烫，去掉血沫。②当归洗净，在热水中浸泡 30 分钟，切薄片，浸泡的水不要倒掉。③羊肉块放入锅内，加入姜片、当归片、料酒、葱段、泡过当归的水和适量水，炖至羊肉熟烂，加盐调味即可。

当归和羊肉都是大补食物，一次摄入量不可过多。

## 海参当归补气汤
**PM9:00**

**营养功效：**此汤可改善新妈妈腰酸乏力、困乏倦怠等状况。

原料：干海参 10 克，干黄花菜 5 克，荷兰豆 30 克，当归、百合、姜丝、盐各适量。

做法：①将干海参泡发，处理干净，放入锅中余烫，捞出；干黄花菜泡软，沥干；荷兰豆洗净。②锅中爆香姜丝，放入黄花菜、荷兰豆略微翻炒几下，再放当归和适量清水煮沸。③加入百合、海参，用大火煮透后，加入盐调味即可。

海参营养丰富，脂肪含量少，和当归煲汤可以补气血。

# 产后第 17 天
# 营养食谱

---

## 🕖 AM7:00 腐竹玉米猪肝粥

**营养功效：** 猪肝富含铁、维生素 $B_2$，是缓解产后贫血的佳品。

原料：鲜腐竹、玉米粒、大米各 50 克，猪肝 100 克，葱花、盐各适量。

做法：①鲜腐竹洗净，切成约 3 厘米长的段，备用；猪肝洗净，在热水中氽烫一下后，冲洗干净，切薄片，用少许盐腌制调味，备用；大米洗净。②将大米、玉米粒放入锅中，大火煮沸后，转小火慢炖 30 分钟。③将猪肝片和腐竹段放入，转大火再煮 10 分钟，出锅前放少许盐调味、撒入葱花即可。

氽烫猪肝时可以加料酒去腥。

西蓝花含有丰富的维生素 C，营养丰富。

## 西蓝花鹌鹑蛋汤 🕙 AM10:00

**营养功效：** 鹌鹑蛋是一种很好的滋补品，可补五脏、通经活血、强身健脑、补益气血。

原料：西蓝花 100 克，鹌鹑蛋 4 个，香菇 5 朵，火腿、圣女果各 50 克，盐适量。

做法：①西蓝花切小朵，洗净，放入沸水中焯烫后捞出；鹌鹑蛋煮熟剥皮；香菇去蒂，洗净，切十字花刀；火腿切成小丁；圣女果洗净，切块，备用。②香菇、火腿丁放入锅中，加清水大火煮沸，转小火再煮 10 分钟。③把鹌鹑蛋、西蓝花、圣女果块放入锅中，再次煮沸煮熟，加盐调味即可。

新妈妈在进行补血、催乳的同时，还需注意营养全面。另外，晚间加餐不要吃得过饱，以免消化不良，影响睡眠质量。

---

## AM12:00 肉末蒸蛋

**营养功效**：肉末蒸蛋有很好的滋补作用，其嫩滑的口感也非常适合产后牙齿松动的新妈妈。

原料：鸡蛋 2 个，五花肉、水淀粉、酱油、盐、食用油各适量。

做法：①将鸡蛋打散，放入盐和适量清水搅匀，上笼蒸熟；五花肉剁成末。②锅放火上，放入油烧热，放入肉末，炒至松散出油时，加入酱油及少量水，用水淀粉勾芡后，浇在蒸好的鸡蛋羹上即可。

猪肉和鸡蛋都是蛋白质含量较高的食材。

高汤本身就有咸味，最后调味时不要放太多盐。

## 高汤娃娃菜 PM6:00

**营养功效**：娃娃菜不仅可以清热除燥、利尿通便，而且含有叶酸，哺乳妈妈食用后对宝宝的大脑发育很有好处。

原料：高汤 200 毫升，娃娃菜 200 克，香菇 2 朵，香菜、盐、香油各适量。

做法：①将娃娃菜掰开，洗净；香菇洗净，切小块。②高汤倒入锅中，汤煮开后放入娃娃菜、香菇块煮熟，淋入香油，最后加盐调味，撒上香菜即可。

## PM9:00 花生红枣小米粥

**营养功效**：将花生与红枣搭配食用，既可补虚，又能补血，还可以使产后新妈妈虚寒的体质得到调养，帮助恢复体力。

原料：小米 100 克，花生仁 10 克，红枣适量。

做法：①小米、花生仁洗净，用清水浸泡 30 分钟，备用；红枣洗净，去核，备用。②将小米、花生仁、红枣一同放入锅中，加清水，用大火煮沸后转小火，将小米、花生仁煮至完全熟透即可。

花生、红枣和小米搭配食用，有很好的补虚、补血功效。

# 产后第 18 天
# 营养食谱

## ♪ AM7:00 炒红薯泥

**营养功效：** 红薯中富含多种维生素；核桃仁是补虚佳品。

**原料：** 红薯 1 个，红糖水、玫瑰汁各 50 毫升，核桃仁、花生仁、熟瓜子、芝麻、蜂蜜、蜜枣丁、食用油各适量。

**做法：** ①红薯去皮后上锅蒸熟，然后捣成泥；核桃仁、花生仁压碎。②锅中放适量油，烧热后倒入红薯泥翻炒；再倒入红糖水继续翻炒。③再将玫瑰汁、芝麻、蜂蜜、花生仁碎、核桃仁碎、熟瓜子、蜜枣丁放入，继续翻炒均匀即可。

红薯含有大量膳食纤维，能增强肠道蠕动，通便排毒。

百合有清心安神的功效。

## 香蕉百合银耳汤 ♪ AM10:00

**营养功效：** 香蕉含有多种微量元素和维生素，具有养阴润肺、滋阴生津的作用。

**原料：** 干银耳 10 克，鲜百合 50 克，香蕉 1 根，冰糖适量。

**做法：** ①干银耳用清水浸泡 2 小时，择去老根及杂质，撕成小朵；新鲜百合剥开，洗净；香蕉去皮，切成厚片。②银耳放入瓷碗中，加入适量清水，放入蒸锅内隔水蒸 30 分钟后，取出备用。③将蒸好后的银耳与百合、香蕉片一同放入锅中，加清水，用中火煮 10 分钟，最后加入冰糖调味即可。

新妈妈在补虚的同时仍然要进行补血，花生、红枣等都是补血佳品，同时还要吃适量的水果，保证营养全面。吃多了高热量、高蛋白的食物会让新妈妈感到烦躁，所以应搭配吃一些富含纤维素的食物，如芹菜、芥菜等。

## ① AM12:00 口蘑腰片

**营养功效：**猪腰具有补肾强身的作用，而且含铁量很高。

原料：猪腰 100 克，茭白 70 克，口蘑 60 克，葱花、姜片、盐、淀粉、香油、食用油各适量。

做法：①猪腰去掉腰臊，切片，洗净，加入盐、淀粉拌匀；茭白、口蘑洗净，切片，备用。②油锅烧热，爆香姜片，放入猪腰片翻炒，再放入茭白片、口蘑片、盐翻炒至熟。③放入少量水，待水沸后淋上香油，撒上葱花即可。

食猪腰有利于新妈妈产后补血。

芥菜有解除疲劳、提高免疫力的作用。

## ② PM9:00 木耳芹菜粥

**营养功效：**此粥具有益气养胃的功效，适合脾胃虚弱的新妈妈食用。

原料：大米 50 克，水发木耳 20 克，芹菜 30 克，盐适量。

做法：①将大米淘洗干净，备用；水发木耳洗净，撕成小片，沥干水分；芹菜择洗干净，切小丁。②将大米放入锅中，加入适量水，大米煮至将熟时，倒入木耳片和芹菜丁，一同熬煮至粥熟，最后加盐调味即可。

## 羊肝炒荠菜 PM6:00

**营养功效：**羊肝含有丰富的铁，具有很好的补血功效。

原料：羊肝 100 克，荠菜 50 克，火腿片、姜片、盐、食用油、水淀粉各适量。

做法：①羊肝洗净，切片；荠菜择洗干净，切段。②锅内加水烧开，放入羊肝片，氽烫后捞出。③另起油锅，烧热，放入姜片、荠菜段，用中火炒至断生，再加入火腿片、羊肝片，调入盐炒至入味，最后用水淀粉勾芡即可。

芹菜富含膳食纤维，可帮助新妈妈预防便秘。

# 产后第 19 天
# 营养食谱

## ⏱ AM7:00 红小豆黑米粥

**营养功效**：黑米有滋阴补肾、补胃暖肝、明目活血的功效，可以帮助新妈妈缓解头晕目眩、贫血等症状。

原料：红小豆、黑米各 50 克，大米 20 克。

做法：①红小豆、黑米、大米分别洗净后，用清水浸泡 2 小时。②将浸泡好的红小豆、黑米、大米放入锅中，加入适量清水，用大火煮沸后转小火，煮至红小豆开花，黑米、大米熟烂即可。

可根据个人口味添加红糖食用。

鸭血可补血解毒，适合产后贫血的新妈妈食用。

## 鸭血豆腐汤 ⏱ AM10:00

**营养功效**：豆腐可以为哺乳妈妈补充钙；鸭血能满足哺乳妈妈对铁的需要。

原料：鸭血 70 克，豆腐 100 克，高汤、醋、盐、水淀粉各适量。

做法：①将鸭血和豆腐切成细条状，备用。②将高汤放入锅中煮沸，把鸭血条和豆腐条放入高汤中炖熟。③加入醋、盐调味，用水淀粉勾芡即可。

新妈妈此时不宜大补，滋补过量不但无益，反而易让新妈妈患肥胖症。哺乳妈妈产后肥胖还可造成乳汁中脂肪含量增多，容易导致宝宝肥胖或者腹泻，所以饮食上要注意荤素搭配。

---

## ⎸ 清蒸鲈鱼
**AM12:00**

**营养功效：** 鲈鱼富含蛋白质和多种矿物质，不仅有很好的补益作用，催乳效果也不错。

原料：鲈鱼 1 条，姜末、葱末、盐、料酒、酱油各适量。

做法：①将鲈鱼去除内脏，洗净，放入蒸盘中。②将姜末、葱末放入鱼腹或鱼上，再加入盐、酱油、料酒。③蒸锅中加水，放入鱼盘，大火蒸至熟即可。

可以在清蒸之前先将鲈鱼腌制一段时间以去腥味。

西蓝花炒前焯水，可以让味道更好。

## 西蓝花炒猪腰 ⎸
**PM6:00**

**营养功效：** 猪腰富含铁、锌等，有助于预防产后贫血。

原料：猪腰 100 克，西蓝花 200 克，葱段、姜片、酱油、盐、白糖、水淀粉、香油、食用油各适量。

做法：①猪腰去除腰臊，切花刀，洗净；西蓝花切块，焯烫一下捞出。②油锅烧热，将葱段、姜片爆香后，放入腰花，加酱油、盐、白糖煸炒，再放入西蓝花一同煸炒，再加水淀粉勾芡，以香油调味即可。

## ⎸ 西红柿菠菜蛋花汤
**PM9:00**

**营养功效：** 西红柿有抗氧化的作用，还有助于提高人体免疫力。

原料：西红柿 100 克，菠菜 50 克，鸡蛋 1 个，盐、香油、食用油各适量。

做法：①将西红柿洗净，切片；菠菜洗净，切成约 4 厘米长的段，沸水中焯烫，捞出；鸡蛋打散，备用。②锅中放油，油热后，放入西红柿片煸出汤汁，加入适量水烧开后，放入菠菜段、蛋液、盐，煮 3 分钟，滴入香油即可。

菠菜可以补铁、补血。

# 产后第 20 天
# 营养食谱

## ♪ AM7:00 猪肝烩饭

**营养功效：** 猪肝是常见的补血食物，适合产后贫血的新妈妈食用。

原料：热米饭 100 克，猪肝半个，猪瘦肉 50 克，胡萝卜半根，洋葱半个，蒜末、淀粉、盐、白糖、酱油、食用油各适量。

做法：①将猪瘦肉、猪肝洗净，切成片，调入少许酱油、白糖、盐、淀粉腌 10 分钟；将洋葱、胡萝卜洗净，切成片。②油锅烧热，下蒜末煸香，放入猪肝片、猪瘦肉片略炒，再依次放入洋葱片、胡萝卜片和盐、酱油，炒熟后淋在米饭上即可。

此饭营养丰富，具有补肝、养血、明目的功效。

此汤色香味俱全，且营养丰富。

## 珍珠三鲜汤 ♪ AM10:00

**营养功效：** 鸡肉富含铁、蛋白质和维生素，容易消化，有益于五脏。

原料：鸡胸肉 100 克，胡萝卜丁、西红柿丁各 50 克，嫩豌豆、盐、淀粉、鸡蛋清各适量。

做法：①鸡胸肉洗净后剁成肉泥，把蛋清、鸡肉泥、淀粉放在一起拌匀。②将嫩豌豆、胡萝卜丁、西红柿丁放入锅中，加清水，大火煮沸后改成小火慢炖至豌豆绵软。③用筷子把鸡肉泥拨进锅内，拨成丸子状，待拨完后用大火将汤再次煮沸，加盐调味即可。

新妈妈的食物种类要尽量丰富，即选用品种、形态、颜色、口感多样的食物，要经常变换烹调方法，如豆制品可以做豆浆、豆腐汤，也可以与青菜同炒等。

## AM12:00 板栗烧牛肉

**营养功效：** 牛肉温补且食后不易上火，有强筋壮骨的功效。

原料：牛肉150克，板栗仁、姜片、葱段、盐、食用油各适量。

做法：①牛肉洗净，放入开水锅中快速余烫后捞出，切块。②油锅烧热，将牛肉块炸一下，捞起，沥去油。③锅中留少许底油，放入葱段、姜片炒香，放入牛肉块、盐和适量清水，煮至沸腾时，撇去浮沫，改用小火炖。④待牛肉炖至将熟时，放板栗仁，烧至肉熟烂、板栗酥时收汁即可。

牛肉选择带膘的肋条肉较好。

此菜味道咸香，做法简单，而且营养丰富。

## 木耳炒鸡蛋 PM6:00

**营养功效：** 木耳、鸡蛋都是产后贫血妈妈重要的保健食物。

原料：鸡蛋2个，水发木耳150克，葱花、香菜段、盐、香油、食用油各适量。

做法：①将水发木耳洗净，沥水；鸡蛋打入碗内，搅匀备用。②油锅烧热，将鸡蛋液倒入，炒熟后，出锅备用。③另起油锅，将木耳放入锅内炒熟，再放入炒好的鸡蛋，加入盐调味，淋上香油，撒上葱花、香菜段即可。

## PM9:00 三色补血汤

**营养功效：** 此汤有助于补血、养心安神，是新妈妈的补养佳品。

原料：南瓜50克，干银耳5克，莲子10克，红枣适量。

做法：①南瓜洗净，去子，带皮切成滚刀块；莲子剥去苦心；红枣洗净，去枣核，切片；银耳泡发后，撕成小朵，去除根蒂。②将南瓜块、莲子、红枣、银耳和适量水一起放入砂锅中，大火烧开后转小火慢慢煲煮约30分钟至熟即可。

南瓜可以加强胃肠蠕动，促进食物消化。

# 产后第 21 天
# 营养食谱

## ♩ AM7:00  牛肉饼

**营养功效：** 牛肉富含蛋白质，可提高身体的抗病能力，适宜体虚的新妈妈食用。

原料：面粉 200 克，牛肉馅 1 碗，鸡蛋 1 个，葱末、姜末、盐、香油、食用油、水淀粉各适量。

做法：①牛肉馅中加入葱末、姜末、油、盐、香油，搅拌均匀，打入 1 个鸡蛋，加入适量水淀粉搅拌均匀。②面粉加适量水和成面团，分成若干小剂子，擀成饼皮，包入肉馅。③摊平成饼状，用适量油煎熟即可。

此饼也可上屉蒸熟，或用微波炉大火加热 5~10 分钟至熟。

此茶还能舒缓压力，安神。

## 桂圆红枣茶  ♩ AM10:00

**营养功效：** 桂圆与红枣搭配，补血效果更佳，可做新妈妈的加餐饮品。

原料：红枣 6 颗，桂圆 2 颗，红糖适量。

做法：①红枣洗净，去核，备用。②桂圆剥去壳，桂圆肉备用。③将桂圆肉、红枣肉放入锅内，加入清水煮沸，转小火再煮 15 分钟，加入红糖调味即可。

　　新妈妈在哺乳期要慎吃甜食。新生儿胃肠功能未发育完成，消化功能也不能和成人相比，如果在哺乳期的妈妈食用甜食过多，宝宝易感不适，易出现泡沫状的大便。

---

### AM12:00　干贝灌汤饺

**营养功效：** 干贝可滋阴补血、益气健脾，适合新妈妈食用。

原料：面粉、猪肉泥各 100 克，干贝 20 克，姜末、盐、植物油各适量。

做法：①在面粉中加适量清水和盐，揉成面团，稍饧，制成圆皮；干贝用温水泡发，切丁。②将猪肉泥、干贝丁、姜末、盐加适量植物油调制成馅。③取圆皮包入馅料，捏成饺子，放入开水中煮熟即可。

干贝味道鲜美，有助于提升食欲。

此菜富含蛋白质、维生素、叶酸，营养丰富。

### 猪肝拌菠菜　PM6:00

**营养功效：** 猪肝和菠菜同食，滋阴补血的功效更强。

原料：猪肝 100 克，菠菜 70 克，海米 5 克，香菜段、香油、盐、醋各适量。

做法：①猪肝洗净，切成薄片，余熟；海米用温水浸泡；菠菜洗净，切段，焯烫，捞出；用盐、醋、香油兑成调味汁。③将菠菜段、猪肝片、香菜段、海米放入盘中，倒上调味汁拌匀即可。

### PM9:00　羊肝胡萝卜粥

**营羊功效：** 羊肝含丰富的铁、维生素 $B_2$，有助于促进新陈代谢。

原料：羊肝、胡萝卜各 20 克，大米 50 克，姜末、盐、食用油各适量。

做法：①将羊肝洗净，切片；胡萝卜洗净，切成小丁。②羊肝片倒入热油锅中，用大火略炒，盛起。③将大米加水，用大火熬成粥后加入胡萝卜丁，焖煮 15~20 分钟，再加入羊肝片，放入盐和姜末煮熟即可。

羊肝含铁丰富，适量进食可使皮肤红润。

# 产后第 4 周: 助安眠, 防便秘

**新妈妈的身体变化**

**乳房: 预防乳腺炎**

本周新妈妈的乳汁分泌开始增多, 但同时也容易患急性乳腺炎, 因此要密切观察乳房的情况。

**恶露: 基本没有了**

产后第 4 周, 白色恶露基本上排干净了, 变成了普通的白带。但新妈妈还是要注意会阴的清洗, 勤换内衣裤。

**胃肠: 基本恢复**

经过了连续 3 周的调养, 新妈妈的胃肠功能已基本恢复。

**伤口: 留意瘢痕增生**

剖宫产新妈妈手术后伤口上留下的瘢痕, 一般呈白色或灰白色, 光滑、质地坚硬, 这个时期开始有瘢痕增生的现象, 且局部发红、发紫、变硬, 并突出皮肤表面。瘢痕增生期一般持续 3 个月至半年, 随着纤维组织增生逐渐停止, 瘢痕也会逐渐变平变软。

**子宫: 大体复原**

产后第 4 周, 子宫大体复原, 新妈妈应该坚持做些产褥体操, 以促进子宫、腹肌、阴道、盆底肌的恢复。

## 本周推荐食物

❶香蕉：香蕉含有丰富的果胶，果胶是一种可溶性膳食纤维，可帮助消化，调整胃肠功能，防止新妈妈便秘。

❷苹果：苹果营养丰富，热量不高，是产后新妈妈瘦身的较佳选择。苹果特有的香味可以缓解压力过大造成的不良情绪，产后情绪不稳定的新妈妈不妨多吃一些。

❸芝麻：芝麻中含有丰富的不饱和脂肪酸，哺乳妈妈多食不仅有助于防治便秘，还有利于宝宝大脑的发育。

❹牛蒡：牛蒡富含人体所需的多种矿物质、氨基酸，可帮助排便，抑制胆固醇的吸收。

听王老师怎么讲

# 产后第4周饮食调养方案

　　产后第4周是新妈妈身体恢复的关键期，身体各个器官逐渐恢复到产前的状态，此时可以选择一些热量高的食物，但进补的量要循序渐进。

## 1 宜：多进补当季食物

　　新妈妈应该根据坐月子所处的季节，相应地选取当季的食物，少吃反季节食物。比如春季可以适当吃些野菜，夏季可以多补充些水果羹，秋季食山药，冬季吃羊肉等。要根据季节和新妈妈的自身情况，选取合适的食物进补，做到"吃得对、吃得好"。

## 2 宜：增加蔬菜摄入量

　　在大补的同时，新妈妈也不要忽视补充膳食纤维和维生素，这样能有效地排出毒素，预防便秘的发生。

## 多吃含钙量高的食物

　　新妈妈在本周可以开始补钙了。平时要适当多吃含钙量高的食物，比如多吃些豆制品，也可以根据自己的口味吃一些乳酪、海米、芝麻等。

**AM 7:00** 营养早餐 ＋ **AM 10:00** 日间加餐 ＋ **AM 12:00** 营养午餐

早餐重点：富含维生素A、微量元素和果胶。

午餐原则：荤素搭配，营养全面。

# 3 宜：吃清火食物

新妈妈如果上火了，可适量吃些绿豆、柚子、芹菜等有助于清火的食物。因为新妈妈要给宝宝哺乳，所以一些清火的药不要吃。平时吃东西时要注意，不能吃辛辣的食物，做菜少添加热性调料，如花椒、大料等，这些东西容易引起上火。

# 4 忌：吃过多的保健品

许多新妈妈为了使身体能够快速恢复，会选择吃很多保健品，但这样的做法并不科学。新妈妈产后体质较弱，食用太多保健品反而会引起身体不适，还是应当依靠天然、健康的食物来达到滋补身体的目的。

**TIPS 月嫂的掏心话**

无论是哺乳妈妈，还是非哺乳妈妈，身体各个器官都会在产后第4周逐渐恢复到产前的状态，在此时需要有更多的营养来帮助新妈妈身体尽快恢复。

- 容易患急性乳腺炎，要密切观察乳房的情况。
- 新妈妈应坚持做些产褥体操，以促进子宫的恢复。
- 产后第4周饮食宜以滋补为主。
- 注意胃肠保健。
- 勤梳头，防止脱发。
- 新妈妈可增加蔬菜的食用量。

- 不要忽视膳食纤维和维生素的补充，这样能防止便秘的发生。
- 月子里应该以天然绿色食物为主，尽量少食用或不食用人工合成的各种补品。
- 哺乳妈妈要注意观察宝宝的大便状况，并随时调整自己的饮食结构，让宝宝健康成长。

## 以滋补为主

新妈妈可以多进食一些补充营养、有益五脏的美味菜肴，为恢复健康打好基础。

⟋ 早餐　⟍ 加餐　⏐ 午餐　⏐ 晚餐　⌐ 加餐

晚餐重点：暖脾健胃，补气养血。

**＋** PM 6:00 花样晚餐　**＋** PM 9:00 晚间加餐　**＝** **调理滋补，预防便秘。**
补心脾、补气血、安神助眠、缓解产后体虚、气血不足。

**遵医嘱，谨慎用药**
新妈妈不要自行服用药物。因为有些药物可能会进入乳汁，对宝宝产生不良影响。

# 产后第 22 天
# 营养食谱

## 🕖 AM7:00 南瓜饼

**营养功效：** 南瓜营养丰富，富含膳食纤维，有润肺益气、缓解便秘的作用。

**原料：** 糯米粉 100 克，南瓜 200 克，白糖、红豆沙各适量。

**做法：** ①南瓜洗净，去瓤，切块，上锅大火蒸熟，挖出南瓜肉，手压成泥，加入糯米粉、白糖、水，和成面团，分成若干小剂子，擀成饼片。②将适量红豆沙包入饼皮中制成饼坯，上锅蒸 10 分钟即可。

南瓜饼膳食纤维含量高，也可做主食食用。

此粥可以润肠道，防便秘。

## 燕麦南瓜粥 🕙 AM10:00

**营养功效：** 燕麦中含有丰富的亚油酸，有助于预防和缓解新妈妈产后水肿、便秘。燕麦和南瓜同食，是天然、健康的产后瘦身佳品。

**原料：** 燕麦、大米各 30 克，南瓜 1 块，冰糖适量。

**做法：** ①南瓜洗净，削皮，去瓤，切成小块；大米洗净，用清水浸泡 30 分钟。②将大米放入锅中，加适量水，大火煮沸后转小火煮 20 分钟；然后放入南瓜块，小火煮 10 分钟；再加入燕麦，继续用小火煮 10 分钟，加入冰糖调味即可。

新妈妈宜多选择富含膳食纤维和益生菌的食物。膳食纤维有助于增大肠道中粪便的体积，促进肠道蠕动，有利于排毒瘦身；益生菌可以为结肠带来有益的菌群，利于肠道健康。两者都可帮助新妈妈减少体内脂肪的堆积。

## 板栗黄焖鸡

AM12:00

**营养功效：** 此道菜补而不腻，适合新妈妈滋补之用。

原料：鸡肉 150 克，板栗 100 克，白糖、葱段、姜块、酱油、盐、食用油各适量。

做法：①板栗去壳，煮熟后捞出；鸡肉切块，洗净。②油锅烧热，将葱段爆香，加鸡肉块煸炒至外皮变色后，加适量清水及盐、姜块、酱油、白糖，用中火煮沸，转小火焖至鸡肉块酥烂，放入板栗一起焖煮至熟透即可。

板栗中含有丰富的不饱和脂肪酸和维生素，此菜是新妈妈的滋补佳品。

此道菜清新解腻，营养价值高，可宽肠通便。

## 香菇油菜

PM6:00

**营养功效：** 此菜富含蛋白质、维生素和钙、铁等矿物质。

原料：干香菇 5 朵，油菜 100 克，盐、食用油、葱花、姜末、香油、高汤、水淀粉各适量。

做法：①油菜洗净，从中间对半切开，再放入沸水锅中焯熟。②干香菇泡发后，去杂质，切两半，备用。③油锅烧热，将葱花、姜末爆香，加入香菇、油菜煸炒，再加入少许高汤和盐，用水淀粉勾芡，淋上香油即可。

## 牛蒡粥

PM9:00

**营养功效：** 此粥具有滋补强身的功效，能帮新妈妈恢复体力。

原料：牛蒡 20 克，猪瘦肉 30 克，大米 50 克，盐适量。

做法：①牛蒡去皮，洗净，切丝；猪瘦肉洗净，切丝；大米洗净，浸泡 30 分钟。②锅置火上，放入大米和适量清水，大火煮沸后改小火，放入牛蒡丝和猪瘦肉丝，小火熬煮至米烂粥稠时，加盐调味即可。

牛蒡是一味中药，煮粥食用有清热散结的功效。

# 产后第 23 天
# 营养食谱

## 🕖 AM7:00 什锦果汁饭

**营养功效：** 软糯的什锦果汁饭对新妈妈调理胃肠有益，此饭还有利于提升乳汁质量。

原料：大米 50 克，鲜牛奶 250 毫升，黄瓜片、苹果丁、菠萝丁、蜜枣丁、葡萄干、青梅丁、碎核桃仁、白糖、番茄沙司、水淀粉各适量。

做法：①将大米淘洗干净，加入鲜牛奶、水，焖煮成米饭，加白糖拌匀。②黄瓜片摆盘，米饭均匀铺在黄瓜片上。③将番茄沙司、苹果丁、菠萝丁、蜜枣丁、葡萄干、青梅丁、碎核桃仁放入锅内，加水和白糖煮沸，再加入水淀粉，制成什锦沙司，浇在米饭上即可。

此饭营养丰富，维生素含量高，可以增强食欲。

柚子热量低，可用于减肥瘦身。

## 柚子猕猴桃汁 🕙 AM10:00

**营养功效：** 这道饮品酸甜可口，可帮助新妈妈健脾开胃，促进消化。

原料：柚子半个，猕猴桃 1 个。

做法：①猕猴桃去皮，切片；柚子去皮，切块。②把猕猴桃片、柚子块放入榨汁机中，加适量温水，榨汁即可。

新妈妈饮食以促进新陈代谢为主，食物中加入更多排毒通便、美容养颜、补气养血的食材，这样气色、精神、皮肤状态都会有所好转。

---

## ○ AM12:00 牛肉卤面

**营养功效：**此道面食不但可以滋补胃肠，还有补血的效果。

**原料：**面条 100 克，牛肉 50 克，胡萝卜、红椒、竹笋各 20 克，酱油、水淀粉、盐、香油、食用油各适量。

**做法：**①将牛肉、胡萝卜、红椒、竹笋分别洗净，切小丁。②面条煮熟，过凉水后盛入汤碗中。③锅中放油烧热，放牛肉丁煸炒，再放入胡萝卜丁、红椒丁、竹笋丁翻炒，加入酱油、盐、水淀粉炒熟，浇在面条上，最后淋几滴香油。

牛肉是高蛋白的食物，是滋补佳品。

此菜营养丰富，调理胃肠的同时还可防产后抑郁。

## 清炒油菜 ○ PM6:00

**营养功效：**油菜不仅含有丰富的维生素和矿物质，而且有助于清肠排毒，预防产后便秘。

**原料：**油菜 200 克，蒜末、盐、食用油、水淀粉各适量。

**做法：**①油菜洗净，沥干水分。②油锅烧热，放入蒜末爆出香味。③油菜下锅炒至三成熟，在菜根部撒少许盐。再炒至六成熟时，淋入水淀粉勾芡即可。

## ○ PM9:00 核桃红枣粥

**营养功效：**此粥具有滋阴润肺、补脑益智、润肠通便的功效。

**原料：**核桃仁 20 克，红枣 3 颗，大米 30 克，冰糖适量。

**做法：**①将大米洗净；红枣洗净，去核。②将大米、红枣、核桃仁放入锅中，加适量清水，用大火烧沸后改用小火，等大米熬煮成粥后，加入冰糖搅拌均匀即可。

核桃维生素含量高，红枣可以补血益气。

# 产后第 24 天
# 营养食谱

## ⏰ AM7:00 高汤水饺

**营养功效：** 此款水饺含有丰富的蛋白质，还含有多种维生素、矿物质和膳食纤维等，有滋补作用。

原料：猪肉 200 克，芹菜 100 克，面粉、高汤、盐、葱花、姜末、酱油、食用油各适量。

做法：①芹菜择好洗净，切碎。②猪肉洗净，剁成泥，加酱油、盐、葱花、姜末及适量油搅拌均匀，加入芹菜碎拌匀成馅。③将面粉和成面团，搓成细条，揪剂，擀成薄皮，将调好的馅包入面皮中做成饺子。④锅中放入高汤，大火烧开，放入水饺，煮至熟后捞出水饺食用即可。

食用时可用醋做蘸料，增强新妈妈食欲。

此菜有促进肠道蠕动的作用。

## 松仁玉米 ⏰ AM10:00

**营养功效：** 此菜富含膳食纤维，对缓解脾肺气虚、大便干结有一定效果。

原料：甜玉米粒 160 克，松子仁 50 克，青椒、红椒各 10 克，葱段、盐、食用油各适量。

做法：①松子仁用小火焙至上色后立即取出，备用；将甜玉米粒焯水后捞出，沥干水分；青椒、红椒洗净，切小丁。②锅中加入少许油，烧热，小火爆香葱段后将所有食材倒入锅中，转中火快速翻炒，再调入盐炒匀即可。

新妈妈的胃肠功能恢复得差不多了，但也应注意保养。每餐宜按照一定的顺序进食：汤→蔬菜→主食→肉，饭后30分钟再进食水果。

新妈妈尽量少吃含有过多添加剂的食物，也要尽量少吃热性的水果，如榴莲、荔枝等。

---

**AM12:00**

## 西红柿面片汤

西红柿搭配面片，既可开胃健脾又易消化。

**营养功效：**此汤具有滋阴清火的作用，对新妈妈大便秘结、血虚体弱等有一定的缓解作用。

原料：西红柿1个，面片100克，高汤、盐、香油、食用油各适量。

做法：①西红柿洗净，去皮，切块。②油锅烧热，炒香西红柿块，加入高汤烧开，再放入面片煮3分钟后，加盐、香油调味即可。

此道菜有助于清热除烦、通利肠胃。

## 板栗扒白菜  **PM6:00**

**营养功效：**白菜富含膳食纤维和多种维生素，与板栗搭配营养更丰富。

原料：白菜心200克，板栗100克，葱段、姜末、水淀粉、盐、食用油各适量。

做法：①白菜心洗净，切成小片；板栗洗净，放入热水中煮熟，去壳备用。②油锅烧热，放入葱段、姜末炒香，放入白菜片炒熟，加入板栗仁，用水淀粉勾芡，加盐调味即可。

**PM9:00**

## 胡萝卜小米粥

**营养功效：**胡萝卜富含胡萝卜素，可以明眸养眼、润泽肌肤；小米能健脾和胃、清心安神。

原料：胡萝卜半根，小米100克。

做法：①胡萝卜洗净，切成小丁；小米洗净，清水浸泡30分钟。②将胡萝卜丁和泡好的小米一同放入锅内，加适量水，大火煮沸。③转小火煮至胡萝卜丁绵软，小米开花即可。

睡前1小时进食小米粥，有助于新妈妈很好地入眠。

# 产后第 25 天
# 营养食谱

---

## ♪ 胡萝卜蘑菇汤
AM7:00

**营养功效：** 此汤含有促进胃肠蠕动、增进食欲的芥子油和膳食纤维等有益成分。

原料：胡萝卜 100 克，蘑菇、西蓝花各 30 克，盐适量。

做法：①胡萝卜去皮，切成小块；蘑菇洗净，去根，切片；西蓝花掰成小块后洗净，备用。②将胡萝卜块、蘑菇片、西蓝花块一同放入锅中，加适量清水用大火煮沸，转小火再煮 10 分钟。③出锅时加入盐调味即可。

胡萝卜搭配蘑菇煮汤可助消化，也可为新妈妈补充维生素。

此菜口感咸香，还有助于润肠排毒。

## 酿茄墩
AM10:00

**营养功效：** 茄子含有维生素E，能够减少出血情况，有助于新妈妈身体恢复，夏季吃茄子还能清热解毒。

原料：茄子 1 个、鸡蛋 1 个，猪肉馅 100 克，香菇末、水淀粉、盐、食用油各适量。

做法：①茄子去蒂，去皮，洗净，切段，挖去中间部分。②在猪肉馅中放入盐、蛋清，拌匀后，放入挖空的茄墩儿内，撒上香菇末，蒸熟后放入盘内。③油锅烧热，加入盐和少许水烧开，用水淀粉勾芡，淋在蒸好的茄墩儿上即可。

　　新妈妈的饮食应营养全面,鸡、鸭、鱼、肉、水果、蔬菜都可以吃,本周可以增加蔬菜的比例,以利于瘦身。不可贪嘴吃冷饮,感觉燥热时可以吃些常温的西红柿、黄瓜等蔬果。

## AM12:00 莲藕炖牛腩

**营养功效:** 莲藕煮熟有健脾开胃、止渴生津、养血补心的功效,还有助于增强免疫力。

原料:牛腩 200 克,莲藕、红小豆各 30 克,姜片、盐各适量。

做法:①牛腩洗净,切大块,放入热水中余烫一下,捞出过冷水,洗净,沥干。②莲藕洗净,去皮,切成大块;红小豆洗净,并用清水浸泡 1 小时。③全部食材放入锅内,加清水,大火煮沸后转小火慢炖 2 小时,出锅前加盐调味即可。

莲藕含有丰富的维生素 C 和膳食纤维,有助于缓解便秘。

吃时淋点香油味道更鲜美。

## 三鲜冬瓜汤 PM6:00

**营养功效:** 此汤含有多种维生素,常食可预防便秘。

原料:冬瓜、冬笋各 30 克,西红柿 1 个,香菇 5 朵,油菜 1 棵,盐适量。

做法:①冬瓜去皮,洗净,去子,切成片;香菇去蒂,洗净,切成块;冬笋洗净,切成片;西红柿洗净,切成片;油菜洗净,掰成段。②将所有食材一同放入锅中,加清水大火煮沸,转小火再煮 10 分钟。③出锅前放盐调味即可。

## PM9:00 紫薯银耳松子粥

**营养功效:** 此粥口感爽滑,营养丰富,具有滋阴润肺、润肠通便的功效,能帮助新妈妈预防产后便秘。

原料:大米 30 克,干银耳 4 小朵,紫薯 1 个,松子仁、蜂蜜各适量。

做法:①用温水泡发干银耳;紫薯去皮,切成小方块。②锅中放水,将淘洗好的大米放入锅中,大火烧开后,放入紫薯块、泡好的银耳,烧开后转小火。③大米煮至开花,撒入松子仁熬煮 10 分钟盛出。④放至温热,调入蜂蜜即可。

紫薯还含有多种微量元素,可抗疲劳、抗衰老、补血。

# 产后第 26 天
# 营养食谱

## ♪ AM7:00　玉米面发糕

**营养功效：** 玉米中的维生素 $B_6$、烟酸等成分，具有刺激胃肠蠕动、促进排便的作用，有助于预防便秘。

原料：面粉、玉米面各 50 克，红枣、泡打粉、酵母粉、白糖各适量。

做法：①将面粉、玉米面、白糖、泡打粉均匀混合；酵母粉融于温水后倒入其中，揉成光滑的面团。②将面团放入蛋糕模具中，放温暖处发酵 40 分钟左右。③红枣洗净，加水煮 10 分钟；将煮好的红枣嵌入发好的面团表面，放入蒸锅。④开大火，蒸 20 分钟，取下模具，切成厚块即可。

多吃玉米可以健脾开胃、除湿利尿、延缓衰老，适合新妈妈食用。

山药可健脾和胃，也可以缓解消化不良。

## 山药黑芝麻羹　 AM10:00

**营养功效：** 此羹具有补气养血的作用，哺乳和非哺乳新妈妈都可以食用。

原料：山药、黑芝麻各 50 克，白糖适量。

做法：①黑芝麻放入锅内炒香；山药洗净，去皮，切碎。②将两者一同放入豆浆机中打成糊。③锅内加入适量清水，烧沸后将黑芝麻山药糊放入锅内，同时放入白糖，不断搅拌，煮 5 分钟即可。

除了饮食调养外, 经常按摩也可以帮助新妈妈恢复身体健康。正确按摩需要一定的技巧, 可以疏通经络、调和气血、调理腑脏, 促进新妈妈身体各系统的恢复。

## 小鸡炖蘑菇
**AM12:00**

**营养功效:** 鸡肉和蘑菇营养丰富, 能增强免疫力。

**原料:** 童子鸡200克, 干蘑菇8朵, 葱段、姜片、酱油、盐各适量。

**做法:** ①将童子鸡清洗干净, 斩块; 干蘑菇用温水泡开, 洗净备用。②将鸡肉块放入锅中翻炒至变色, 放入葱段、姜片、盐、酱油翻炒均匀, 再加入适量水, 水沸后放入蘑菇, 中火炖熟即可。

新妈妈如果有瘦身需求, 食用时可将鸡皮去掉。

鸡肉脂肪含量低, 是新妈妈的瘦身佳品。

## 白斩鸡　**PM6:00**

**营养功效:** 此道菜品保留了鸡肉的原汁原味, 口感鲜香。

**原料:** 三黄鸡1只, 葱末、姜末、蒜末、香油、醋、盐各适量。

**做法:** ①将三黄鸡处理后洗净, 放入热水锅中, 用小火焖煮30分钟。②葱末、蒜末、姜末同放到小碗里, 再加盐、醋、香油, 用煮过鸡的高汤将其调匀成汁。③将煮熟的鸡肉斩小块, 装盘, 把调好的汁浇到鸡肉块上即可。

## 核桃仁莲藕汤
**PM9:00**

**营养功效:** 莲藕含有丰富的维生素K, 有助于止血, 对产后第4周还排出红色恶露的新妈妈有帮助。

**原料:** 莲藕150克, 核桃仁10克, 红糖适量。

**做法:** ①莲藕洗净, 切成片; 核桃仁掰碎, 备用。②将核桃仁碎、莲藕片放入锅内, 加清水用小火慢煮至莲藕绵软。③出锅前加适量红糖调味即可。

此汤有助于补气血、健脑安神。

# 产后第 27 天
# 营养食谱

## ♪ AM7:00 南瓜绿豆糯米粥

**营养功效：** 此粥含有丰富的维生素和矿物质，有清热祛湿、调理胃肠的功效。

原料：南瓜、绿豆各 40 克，糯米 100 克，冰糖适量。

做法：①糯米、绿豆洗干净，用水浸泡 30 分钟；南瓜去皮、去子，洗净，切成块。②锅内加入适量清水，放入糯米、绿豆和南瓜块煮约 30 分钟后，放入冰糖调味，小火焖煮 10 分钟即可。

此粥清甜香糯，新妈妈食用时可少加冰糖。

三文鱼也可以先煎熟再碾碎放入粥中。

## 三文鱼粥 ♪ AM10:00

**营养功效：** 此粥富含不饱和脂肪酸，哺乳妈妈食用后，对宝宝大脑发育有好处。

原料：三文鱼 20 克，大米 50 克，盐适量。

做法：①三文鱼洗净，剁成鱼泥；大米洗净，浸泡 30 分钟。②锅置火上，放入大米和适量水，大火烧沸后改小火，熬煮成粥。③待粥煮熟时，放入鱼泥，加盐调味，略煮片刻即可。

产后第 4 周，新妈妈的加餐量以不影响一日三餐的进食量为宜。加餐时宜多食用些富含蛋白质、维生素的食物，为身体补充能量。

---

### AM12:00　茄子炒牛肉

牛肉富含优质蛋白，可缓解产后虚弱。

**营养功效：**此道菜营养丰富，有很好的补虚作用。

原料：熟牛肉 100 克，茄子 150 克，水淀粉、蒜末、盐、食用油各适量。

做法：①将熟牛肉切成小片；茄子洗净，切片。②油锅烧热，将茄子片放入锅中煸炒，加入盐，快熟时放入牛肉片。③炒一会儿后，撒入蒜末，加水淀粉勾芡即可。

猪腰炒之前可以放在开水中余烫去腥。

### 抓炒腰花　PM6:00

**营养功效：**新妈妈适量吃些猪腰，有助于缓解腰痛。

原料：猪腰 100 克，青椒 50 克，水淀粉、盐、葱末、姜末、食用油各适量。

做法：①猪腰去掉腰腺，切片，洗净，用水淀粉上浆；青椒洗净，去蒂去子，切片。②锅中热油，放入猪腰片，入火炒 2 分钟，盛出；用盐、葱末、姜末、水淀粉调成汁。③油锅烧热，倒入调好的汁、猪腰片、青椒片，翻炒均匀即可。

### PM9:00　香蕉牛奶草莓粥

**营养功效：**草莓含有丰富的维生素 C，可帮助消化；香蕉有助于清热润肠，促进胃肠蠕动。

原料：香蕉 1 根，新鲜草莓 5 个，牛奶 250 毫升，大米 30 克。

做法：①草莓洗净，切成块；香蕉去皮，放入碗中碾成泥；大米洗净。②将大米放入锅中，加适量水，熬煮至大米开花，放入草莓块、香蕉泥同煮片刻，倒入牛奶，稍煮即可。

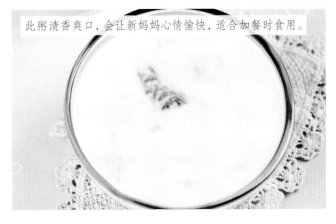
此粥清香爽口，会让新妈妈心情愉快，适合加餐时食用。

# 产后第 28 天
# 营养食谱

## 🌙 AM7:00 虾仁蛋炒饭 ▶

此炒饭营养丰富，有益肝明目的功效。

**营养功效：** 虾仁蛋白质含量很高，胡萝卜含有大量胡萝卜素，有利于保护新妈妈眼睛。

原料：米饭 1 碗，香菇 3 朵，虾仁 20 克，胡萝卜半根，鸡蛋 1 个，盐、食用油、葱花、蒜末各适量。

做法：①香菇去蒂，洗净，切丁；胡萝卜洗净，切丁；鸡蛋打入碗中备用。②锅中倒油烧热，放入鸡蛋液炒散，盛出备用。③锅中倒油，放入蒜末炒香，倒入虾仁和胡萝卜丁翻炒至七成熟，倒入香菇丁、鸡蛋、米饭，翻炒均匀；再加入盐，撒上葱花，翻炒几下入味即可。

适量吃豆腐可补充蛋白质。

## 翡翠豆腐羹 🌙 AM10:00

**营养功效：** 豆腐鲜嫩可口，具有益气、补虚、护肝等功效。

原料：猪瘦肉丁 40 克，小白菜、豆腐各 50 克，鸡汤、葱末、盐、食用油、水淀粉各适量。

做法：①小白菜洗净，剁碎；豆腐切小丁，用开水焯一下捞出。②锅中倒油烧热，放入葱末煸炒，再放入猪瘦肉丁略炒。③倒入剁碎的小白菜，再放入豆腐丁和适量鸡汤烧开。④加盐调味，用水淀粉勾芡，待汤汁浓稠时盛出即可。

第4周与前3周相比,滋补的食物摄入的较多,此时新妈妈要注意胃肠的保健,不要让胃肠受到过多的刺激,以免出现腹痛、腹泻。

---

## AM12:00 芹菜炒土豆丝

**营养功效:** 芹菜含有丰富的膳食纤维,有助于预防便秘。

原料:土豆、芹菜各100克,胡萝卜丝、葱段、盐、食用油、醋各适量。

做法:①将土豆洗净,削皮,切成丝;芹菜择去叶,洗净,切成长段。②将盐、醋放入碗内,兑成汁。③油锅烧热,放入土豆丝、芹菜段、胡萝卜丝,迅速翻炒均匀,倒入兑好的汁,撒上葱段,炒熟,出锅装盘即可。

芹菜香味浓郁,可提升新妈妈食欲。

菠菜食用前宜焯烫,以降低草酸含量。

## 麻酱菠菜 PM6:00

**营养功效:** 麻酱的含钙量很高,麻酱和菠菜搭配,可以帮助新妈妈坚固牙齿和骨骼。

原料:菠菜300克,蒜末10克,麻酱、盐、食用油各适量。

做法:①将菠菜洗净,切段,放入开水锅中焯烫一下,捞出,备用。②麻酱中放入适量盐,倒入温开水,搅拌均匀。③炒锅中放油,油热后爆香蒜末,放入菠菜段,翻炒片刻,出锅,浇上麻酱拌匀即可。

## PM9:00 银耳羹

**营养功效:** 此羹可润肠益胃、补气和血,有助于睡眠。

原料:干银耳5克,樱桃、草莓、核桃仁、冰糖各适量。

做法:①干银耳泡发,洗净,撕成小朵;樱桃、草莓洗净,草莓切两半;核桃仁洗净。②锅中加适量水,放入银耳,大火烧开,转小火煮30分钟,放入冰糖,稍煮片刻。③放入樱桃、草莓、核桃仁,煮开后晾温即可。

樱桃含铁量高,有助于补血养血。

# 产后第5周：补钙质，减体脂

**乳房：挤出多余乳汁**

经过前4周的调养和护理，本周新妈妈乳汁分泌量增加，此时一定要注意，多余的乳汁要挤出来。哺乳时，要让宝宝含住整个乳晕，而不是仅仅含住乳头，避免引起乳头皲裂。

**胃肠：慎吃含太多油脂的食物**

本周，新妈妈的胃肠功能基本恢复正常，但是对于哺乳妈妈来说，要注意控制脂肪的摄入，不要吃太多含油脂的食物，以免对胃肠造成不利影响。

**恶露：恶露几乎没有了**

本周，新妈妈的恶露几乎没有了，白带开始正常分泌。如果本周恶露仍未排尽，就要当心是否是子宫复旧不全而导致的恶露不净。

### 新妈妈的身体变化

**子宫：恢复到产前大小**

到第5周的时候，顺产妈妈的子宫已经恢复到产前大小，剖宫产妈妈可能会比顺产妈妈恢复得稍慢一些。

**伤口及疼痛：基本恢复**

本周会阴侧切的新妈妈基本感觉不到疼痛了，剖宫产妈妈偶尔会觉得伤口有些疼痛，日常活动还须注意。

## 本周推荐食物

**❶魔芋:** 魔芋食后有饱腹感,可减少新妈妈摄入食物的量,消耗多余脂肪,有利于控制体重,达到自然瘦的效果。魔芋可作为主食食用。

**❷木耳:** 木耳含有丰富的膳食纤维,有助于促进胃肠蠕动,促进肠道脂质的排泄,起到预防肥胖和减肥的作用。

**❸香菇:** 香菇有助于促进人体新陈代谢,提高机体免疫力,适合新妈妈食用。

**❹核桃:** 核桃含有矿物质,且富含不饱和脂肪酸,适合新妈妈食用。

# 产后第5周饮食调养方案

听王老师怎么讲

　　产后第5周，新妈妈的腹部开始收缩，身体各功能趋于正常。新妈妈宜科学地进行产后锻炼并适当控制食物的摄入量。饮食上，新妈妈可多吃些绿色、健康的食物，适当减少摄入高脂肪、高热量的食物，这样不仅有助于身体恢复，也有利于保持优美的体形。

## 1 宜：平衡摄入与消耗

　　这一时期新妈妈在饮食上既要满足产后身体的恢复需要，又要有充足的营养供应给宝宝，因此需要注意食物的荤素搭配，使身体中的营养与消耗达到平衡。产后第5周也是瘦身黄金周，新妈妈要坚持哺乳，均衡营养，适当运动，可预防产后肥胖。

## 2 宜：补充钙质

　　因为0~6个月的宝宝骨骼发育所需的钙主要来源于妈妈的乳汁，所以产后哺乳新妈妈消耗的钙量要远远大于普通人。为了满足宝宝发育需要，新妈妈应及时补钙。

## 按需进补，控制食量

　　对摄入热量或营养所需量不了解的新妈妈，一定要遵循控制食量、提高食物品质的原则，尽量做到不偏食、不挑食。

| **AM 7:00** 营养早餐 | + | **AM 10:00** 日间加餐 | + | **AM 12:00** 营养午餐 |

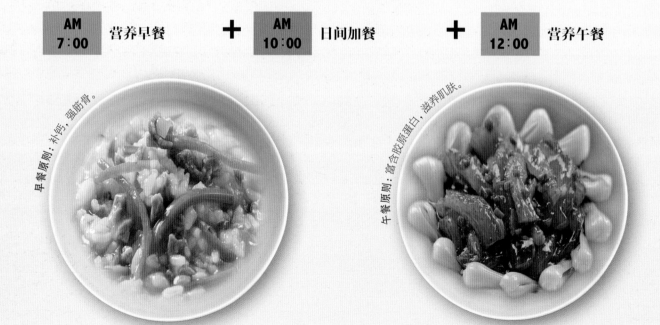

早餐原则：补钙，强筋骨。

午餐原则：富含胶原蛋白，滋养肌肤。

# 3宜：控制脂肪摄取

怀孕期间，新妈妈为了准备生产及哺乳而大补，致使身体储存了不少的脂肪，再经过产后 4 周的滋补，又给身体增加了不少营养。此时若再吃过多含油脂的食物，乳汁会变得浓稠，乳腺也容易阻塞，对于产后瘦身非常不利。

# 4忌：产后多吃少动

传统观点认为，坐月子期间要静养，尽量少下床活动，还要进补大量营养物质，这很容易造成新妈妈体内脂肪堆积，并且不活动也不利于新妈妈的身体恢复。因此，新妈妈要适当进行产后锻炼并控制食物的摄入量。

## TIPS 月嫂的掏心话

新妈妈在这一阶段需要多食用谷物和豆类，可将谷物和豆类做成稀饭或粥来食用，不仅能补充充足的热量，还有利于补充 B 族维生素。适量吃粗粮还能减体脂，帮助新妈妈尽快恢复体形。

- 新妈妈的乳汁分泌增加，多余的乳汁一定要吸出来。
- B 族维生素可以帮助糖类、脂肪、蛋白质代谢，释放能量，减轻体脂。
- 不要长时间上网、看电视。
- 每天宜睡 8~9 个小时。
- 要加强锻炼，防止产后虚弱。
- 坐月子不宜吃过凉的水果，可以把水果在室温下放几个小时或用温水泡一下再食用。
- 食用水果时，新妈妈每次不要吃太多，适量即可。
- 新妈妈为了自身和宝宝的健康，要少吃熏烤食物。

## 健康减重

在月子期的后两周，新妈妈应多吃脂肪含量少的食物，如魔芋、竹荪、苹果等，以预防体重增长过快。

◗ 早餐　◖ 加餐　◗ 午餐　▮ 晚餐　◗ 加餐

**+** PM 6:00 花样晚餐 **+** PM 9:00 晚间加餐 **=** 促进新陈代谢，减脂瘦身。

补充钙质、滋养气血，对产后面黄肌瘦、少气乏力、目昏神倦皆有益。

晚餐原则：富含钙、铁、维生素。

### 切忌营养单一

新妈妈在产后切忌挑食、偏食，尽量做到饮食多样化，食物粗细、荤素搭配合理。

# 产后第 29 天
# 营养食谱

## ♩ AM7:00 海带豆腐骨头汤

**营养功效：** 此汤含有大量的钙质，产后缺钙的新妈妈可适量食用。

原料：猪腔骨 300 克，海带片、豆腐各 100 克，香菇 5 朵，葱段、姜片、盐各适量。

做法：①猪腔骨洗净；香菇洗净，切十字花刀；豆腐洗净，切块。②将猪腔骨、香菇、葱段、姜片、清水放入锅内，开大火煮沸后撇去浮沫。③加盖儿，改用小火炖至腔骨上的肉快熟时，拣去葱段。④放入豆腐块和海带片，继续用小火炖至豆腐块和海带片熟透。⑤放少许盐调味，稍炖即可。

此汤补钙壮骨，适合缺钙的新妈妈食用。

苹果不仅有助于缓解便秘，还有助于降低胆固醇。

## 葡萄干苹果粥 ↘ AM10:00

**营养功效：** 酸酸甜甜的水果粥，令新妈妈胃口好、心情好。

原料：大米 50 克，苹果 1 个，葡萄干 20 克，蜂蜜适量。

做法：①大米洗净沥干，备用；苹果洗净，去皮、去核，切成小丁，立即放入清水锅中，以免氧化后变色。②锅内加水，放入大米，与苹果丁一同大火煮沸，再改用小火煮 30 分钟。③食用时加入蜂蜜、葡萄干，搅拌均匀即可。

新妈妈可以适当地活动,帮助消化。这一周,新妈妈产后瘦身计划渐渐提上了日程,牛肉、鸡蛋、鸡肉等食物可以帮助新妈妈增强体力,增加肌肉力量,为新妈妈运动提供动力。

## AM12:00 芹菜炒香菇

**营养功效:** 此菜平肝清热,有助于缓解新妈妈神经衰弱。

原料:芹菜、香菇各 70 克,醋、盐、食用油、水淀粉各适量。

做法:①芹菜去叶、根,洗净,剖开,切成段;香菇洗净,切块。②醋、水淀粉混合后装在碗里,加水约 50 毫升兑成芡汁备用。③油锅烧热后,倒入芹菜段煸炒 2 分钟,放入香菇块迅速炒匀,再加入盐稍炒,淋入芡汁,快速翻炒几下起锅即可。

此菜清新爽口,适合作为减脂餐食用。

菠菜富含膳食纤维,有助于促进肠道蠕动。

## 菠菜肉末粥 PM6:00

**营养功效:** 新妈妈食用此粥后有助于提高乳汁质量。

原料:大米 50 克,菠菜 30 克,猪肉末 20 克,盐、食用油、葱花各适量。

做法:①大米洗净,放入锅内,加适量水,大火烧开后转中小火熬至稀粥状;菠菜洗净,切碎,备用。②在油锅中将葱花爆香,放入猪肉末翻炒。③待猪肉末变色,加盐再翻炒几下,待熟后放入粥中,放入菠菜碎,烧煮片刻即可。

## PM9:00 桂圆红枣粥

**营养功效:** 桂圆肉含丰富的维生素 C 和蛋白质,有助于增强机体免疫功能。

原料:鲜桂圆肉 50 克,红枣 2 颗,大米 100 克。

做法:①将大米淘洗干净,用清水浸泡 30 分钟;红枣洗净。②将大米、红枣与鲜桂圆肉同放锅内,加清水,用大火煮沸。③转小火煮至米烂粥熟即可。

桂圆肉不可多食,否则会引起上火。

# 产后第 30 天
# 营养食谱

## 🕐 AM7:00 银耳樱桃粥 ▶

**营养功效：** 樱桃中含有铁、磷等矿物质，既有助于预防缺铁性贫血，又能补钙。

**原料：** 干银耳 5 克，樱桃、大米各 30 克，糖桂花、冰糖各适量。

**做法：** ①干银耳用清水泡发，洗净，撕成片；樱桃去柄，洗净。②大米淘洗干净，用冷水浸泡 30 分钟。③锅中加适量清水，放入大米，大火烧沸后转小火熬煮。④待米粒软烂时，加入泡发后的银耳，再煮 10 分钟左右，放入樱桃，煮沸后加糖桂花、冰糖调味即可。

银耳煮熟后软糯香甜，容易产生饱腹感。

此汤易消化，有开胃健脾的功效。

## 西红柿疙瘩汤 🕙 AM10:00

**营养功效：** 西红柿含有丰富的维生素 C 和铁，鸡蛋中蛋白质、钙的含量十分丰富。两者搭配清淡可口，在滋补的同时，可解油腻、养胃肠。

**原料：** 面粉 100 克，西红柿 2 个，鸡蛋 2 个，盐、食用油各适量。

**做法：** ①面粉中边加水边用筷子搅拌成絮状，静置 10 分钟；鸡蛋打散成蛋液；西红柿洗净，切小块。②锅中放油，油热后倒入西红柿块翻炒片刻；加入适量水，待水沸后倒入鸡蛋液，搅拌成蛋花。③将面絮慢慢倒入西红柿鸡蛋汤中煮 3 分钟，放盐调味即可。

由于体内激素的变化，有些新妈妈会出现眼花的症状。不用担心，坐月子时只要注意少用眼，多吃一些对眼睛有利的食物，如鱼肉、胡萝卜、橙子、黑芝麻、西蓝花、蓝莓、苹果等，过一段时间，眼花的症状就会减轻。

## AM12:00 青椒牛肉片

**营养功效：**这道菜可滋养脾胃、强健筋骨。

原料：牛肉200克，青椒150克，盐、葱末、姜末、淀粉、食用油各适量。

做法：①将牛肉洗净，切成薄片，加淀粉抓拌均匀，放入沸水锅中，余熟捞出，沥水；将青椒去蒂、去子，洗净，切成片。②油锅烧热后，放入牛肉片，煸炒片刻，将葱末、姜末放入略炒几下，再倒入青椒片炒匀，加入盐调味即可。

青椒有助于促进新陈代谢。

此饼也可用烤箱烤制。

## 黄金土豆饼 PM6:00

**营养功效：**土豆容易让人产生饱腹感，可作为主食食用。

原料：土豆100克，嫩豌豆50克，香油、盐各适量。

做法：①将土豆、嫩豌豆煮熟，放适量盐，搅拌均匀，捣成泥。②揪小团用模具压成心形饼坯。③锅中倒入香油，油热后放入土豆饼坯，煎至两面金黄即可。

## PM9:00 羊骨小米粥

**营养功效：**羊骨中含有钙、钾、铁、骨胶原、磷脂等营养成分，可为产后妈妈补充钙质。

原料：羊骨块50克，小米30克，陈皮、姜丝、苹果块各适量。

做法：①小米洗净，浸泡30分钟；羊骨块洗净，砸碎。②在锅中放入适量清水，将羊骨碎、陈皮、姜丝、苹果块放入锅中，用大火烧沸。③放入小米，煮至小米熟透即可。

新妈妈食用小米有助于提高睡眠质量。

# 产后第 31 天
# 营养食谱

## ☽ AM7:00 雪菜肉丝汤面

**营养功效：**这道面食营养丰富，味道浓郁鲜美，具有温补作用，能帮助新妈妈产后尽快恢复元气。

原料：面条 100 克，猪肉丝 30 克，雪菜 50 克，酱油、盐、食用油、葱花、姜末、高汤各适量。

做法：①雪菜洗净，加清水浸泡 2 小时，捞出沥干，切碎末；猪肉丝洗净，加盐拌匀。②锅中倒油烧热，放入葱花、姜末、猪肉丝煸炒，再放入雪菜末翻炒，最后放入酱油、盐，炒熟盛出。③煮熟面条，捞出放入盛有适量酱油、盐的碗内，舀入适量高汤，再把炒好的雪菜肉丝覆盖在面条上即可。

汤面易消化，搭配雪菜和猪肉丝，营养丰富。

新妈妈适量吃鲫鱼对皮肤也有好处。

## 鲫鱼豆腐汤 ☽ AM10:00

**营养功效：**此汤不仅可以养血活血，还有催乳的功效。

原料：鲫鱼 1 条，大白菜 100 克，豆腐 50 克，冬笋段、火腿丁、姜片、葱花、料酒、盐、食用油各适量。

做法：①鲫鱼处理好，洗净，放入油锅中煎至两面微黄，放入料酒、姜片，加适量清水煮开。②大白菜洗净，切片；豆腐切成小块。③将大白菜片、豆腐块、冬笋段、火腿丁放入鲫鱼汤中，中火煮熟后，加盐调味，撒上葱花即可。

产后第 5 周，新妈妈宜选择少油、少糖、少脂肪的食物，可多食用菠菜、红薯、虾仁、紫薯等营养丰富而又含脂肪低的食物，多吃蔬菜、水果。

## 菠菜粉丝
**AM12:00**

**营养功效：** 菠菜不仅有助于补钙，缓解新妈妈因缺钙而出现的腰酸背痛症状，还有助于胃肠蠕动，缓解产后便秘。

**原料：** 菠菜 150 克，干粉丝 5 克，姜末、葱花、盐、食用油、香油各适量。

**做法：** ①菠菜择洗干净，切段；粉丝洗净。②将两者分别用开水焯一下，捞出，沥水。③油锅烧热，用葱花、姜末炝锅，放入菠菜段、粉丝，加盐稍炒出锅，淋上香油即可。

此道菜清淡爽口，热量低。

新妈妈宜适量吃排骨补钙。

## 红薯山楂绿豆粥
**PM9:00**

**营养功效：** 此粥具有清热解毒、利水消肿、减脂减肥的功效。

**原料：** 红薯 100 克，山楂 10 克，绿豆粉 20 克，大米 30 克，白糖适量。

**做法：** ①红薯去皮，洗净，切成小块；山楂洗净，去子，切末。②大米洗净后放入锅中，加适量清水，大火煮沸。③加入红薯块煮沸，转小火煮至粥将成，再加入山楂末、绿豆粉煮至粥稠烂，加白糖调味即可。

## 胡萝卜牛蒡排骨汤
**PM6:00**

**营养功效：** 此道汤有助于强壮筋骨、增强体力。

**原料：** 猪排骨 200 克，玉米 100 克，牛蒡、胡萝卜各 50 克，盐适量。

**做法：** ①猪排骨洗净，剁段，备用；牛蒡清理干净；玉米洗净，切段，备用；胡萝卜洗净，切块，备用。②把所有食材一起放入锅中，加清水，大火煮开后转小火再炖 1 小时，出锅时加盐调味即可。

山楂可以消食健胃，缓解肉食积滞。

# 产后第 32 天
# 营养食谱

## ♪ AM7:00 香菇鸡汤面

**营养功效：** 鸡汤面可健胃益脾，有助于新妈妈消化吸收。

原料：细面条 100 克，鸡胸肉 50 克，胡萝卜、香菇各 20 克，葱花、盐、食用油、酱油、生菜各适量。

做法：①鸡胸肉洗净，切片；胡萝卜洗净，去皮，切片；香菇洗净，切块；生菜洗净。②另起锅加温水，放入鸡胸肉片，加盐煮熟，盛出，加盐和少许酱油调味。③胡萝卜入沸水中焯熟，再烫软生菜；香菇入油锅煎熟。④面条煮熟盛入碗中，放入胡萝卜片、生菜和鸡肉片摆在面条上，淋上热鸡汤，再点缀上葱花和煎好的香菇即可。

香菇营养丰富，高蛋白、低脂肪，新妈妈可多食。

竹荪可以减少体内脂肪堆积，起到减肥效果。

## 鹌鹑蛋竹荪汤 ♪ AM10:00

**营养功效：** 此汤既有助于美颜瘦身，又能帮助提高免疫力，还可以促进乳汁分泌。

原料：干竹荪 5 克，鹌鹑蛋 2 颗，盐、食用油、葱花、香菜段各适量。

做法：①干竹荪洗净，用清水泡发，备用。②锅中倒入适量油烧热，爆香葱花，倒入适量水，放入竹荪，打入 2 颗鹌鹑蛋，大火煮开，煲 10 分钟，放入盐调味，撒上香菜段即可。

哺乳妈妈晚上因为要频繁喂宝宝，身体更容易缺水，所以早晨应及时补充水分。新妈妈每天晨起后喝 1 杯白开水，不仅可以养生还有助于瘦身，对身体很有好处。

## AM12:00 嫩炒牛肉片

**营养功效：**牛肉的蛋白质含量很高，脂肪含量却较低，可以使新妈妈在补充能量的同时，不必担心产后肥胖。

原料：牛肉 250 克，葱丝、姜丝、香油、酱油、水淀粉、盐、食用油各适量。

做法：①将牛肉洗净，切成薄片，加适量水淀粉，抓拌均匀。②油锅烧热，将牛肉片放入锅中炒熟，之后放入葱丝、姜丝、酱油、盐翻炒几下，用水淀粉勾芡，淋上香油即可。

食用牛肉对新妈妈很有益处，可增强体力。

魔芋的热量低，常用作减脂瘦身的食材。

## 凉拌魔芋丝 PM6:00

**营养功效：**魔芋热量低，富含膳食纤维，适合新妈妈食用。

原料：魔芋丝 100 克，黄瓜 80 克，芝麻酱、酱油、醋、盐、香菜段、红椒碎各适量。

做法：①黄瓜洗净，切丝；魔芋丝用开水烫熟，晾凉。②芝麻酱用水调开，加适量的酱油、醋、盐，做成小料。③将魔芋丝和黄瓜丝放入盘内，倒入小料，拌匀，撒上香菜段、红椒碎拌匀即可。

## PM9:00 香菇豆腐塔

**营养功效：**豆腐富含易被人体吸收的钙，还是优质蛋白质的良好来源。

原料：豆腐 200 克，香菜 10 克，香菇 50 克，盐、食用油各适量。

做法：①豆腐洗净，切成四方小块，中心挖空，放入油锅煎黄，备用。②香菇和香菜一起剁碎，加入适量盐、油拌匀成馅料。③将馅料填入豆腐中心，摆盘蒸熟即可。

豆腐容易消化，与香菇一起烹饪营养更全面。

# 产后第 33 天
# 营养食谱

## ♪ AM7:00 牛肉粉丝汤

**营养功效：**此汤含高钙、高铁、高锌、高蛋白质，适合哺乳妈妈补充营养。

**原料：**牛肉 100 克，干粉丝 50 克，盐、料酒、淀粉、香油、香菜段各适量。

**做法：**①将干粉丝放入水中，泡发，备用。②牛肉洗净，切块，加淀粉、料酒、盐拌匀。③锅中加适量清水，烧沸，放入牛肉块略煮。④放入泡发好的粉丝，中火煮 5 分钟。⑤放入盐调味后，盛入碗中，淋上香油，撒上香菜段即可。

消化不良的新妈妈不宜多吃牛肉。

## 玉米西红柿羹 ♪ AM10:00

**营养功效：**玉米与西红柿搭配做成的汤羹，味道鲜美，营养丰富，新妈妈经常食用，对身体有益。

**原料：**鲜玉米粒 100 克，西红柿 80 克，高汤、盐各适量。

**做法：**①西红柿洗净后用热水烫，去外皮，切丁；鲜玉米粒洗净，沥干水分。②锅中加适量高汤煮开，放入鲜玉米粒、西红柿丁，加盐调味，煮 5 分钟即可。

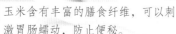
玉米含有丰富的膳食纤维，可以刺激胃肠蠕动，防止便秘。

此时段新妈妈可以开始瘦身了，不过不能过度劳累或强行减肥。产后瘦身也可以适量吃一些水果，如香蕉、苹果、橙子等。此外，瘦身之余，新妈妈的饮食也要做到食物荤素搭配，避免偏食，以免影响身体恢复。

## AM12:00 鸡蛋菠菜煎饼

**营养功效：** 菠菜中钙、钾含量高，对母乳喂养的宝宝有益。

**原料：** 鸡蛋 2 个，菠菜 50 克，面粉、盐、食用油各适量。

**做法：** ①将菠菜择洗干净，切碎；将鸡蛋打入面粉中，加适量清水，搅拌成糊状。②在面糊中放菠菜碎和盐，搅拌均匀。③平底锅放油，待油热后，舀 1 勺面糊放入锅内，用煎饼铲把面糊摊成圆饼状。④待煎饼鼓起时，用铲子翻面，煎至两面金黄时即可食用。

菠菜可先焯水，降低草酸含量。

西红柿助消化，豆腐蛋白质含量高。

## 西红柿烧豆腐 PM6:00

**营养功效：** 豆腐富含蛋白质、钙质，有助于降低胆固醇。西红柿含丰富的番茄红素，有助于抗衰老。

**原料：** 西红柿 2 个，豆腐 100 克，蒜片、盐、食用油各适量。

**做法：** ①将西红柿洗净，切片；豆腐洗净，切成方块。②油锅烧热，将蒜片放入油锅中爆香，再放入西红柿片翻炒至出汁，加入豆腐块翻炒几下，放盐调味即可。

## PM9:00 萝卜排骨汤

**营养功效：** 白萝卜含有多种矿物质，与排骨同煮营养更丰富。

**原料：** 猪排骨 250 克，白萝卜 100 克，姜片、盐、料酒各适量。

**做法：** ①猪排骨洗净，剁小块，放入沸水中，倒入料酒煮 5 分钟，捞出；白萝卜洗净，切块。②将猪排骨放入锅中，加适量水，放入姜片，大火煮沸后改小火慢炖至猪排骨熟透，放入白萝卜块。③白萝卜块炖熟后，加盐调味即可。

排骨富含钙质，煮汤食用味道鲜香。

# 产后第34天
# 营养食谱

## 🌙 春笋蒸蛋 ▶
**AM7:00**

春笋脆嫩可口，可以润肠通便。

**营养功效：**鸡蛋含有优质蛋白质，春笋含有丰富的矿物质和膳食纤维。此蛋羹营养丰富，尤其适宜春天坐月子的新妈妈食用。

**原料：**鸡蛋1个，春笋尖20克，葱末、盐、香油、醋各适量。

**做法：**①将鸡蛋打散；春笋尖切成细末，备用。②将春笋末加到蛋液中，再加适量温水，搅匀。③根据个人口味加适量盐调匀后蒸熟，出锅撒入葱末、醋、香油即可。

芋头益胃健脾，除煮汤外也可蒸食。

## 芋头排骨汤 🌙
**AM10:00**

**营养功效：**猪排骨中含有丰富的磷酸钙、骨胶原等，可为新妈妈提供优质钙。

**原料：**猪排骨150克，芋头100克，葱段、姜片、盐各适量。

**做法：**①芋头去皮，洗净，切成块。②猪排骨洗净，剁成段，放入沸水中氽烫，去血沫后捞出，备用。③先将猪排骨段、姜片、葱段放入锅中，加清水，用大火煮沸后转中火焖煮15分钟，再转小火慢煮45分钟后，加入芋头块同煮至熟，加盐调味即可。

新妈妈每天的饮食中都应包含新鲜蔬菜和水果，既能调养身体，又能达到瘦身的目的。

哺乳妈妈一方面要为瘦身做准备，另一方面还要照顾到宝宝的营养需求，所以不能刻意瘦身，要在均衡营养的同时，吃一些减脂的食物。

---

## AM12:00　红烧牛肉

**营养功效：** 牛肉可以增强免疫力，有助于新妈妈身体恢复。

原料：牛肉 200 克，土豆、胡萝卜各 100 克，姜片、酱油、食用油、淀粉、盐各适量。

做法：①将牛肉洗净，切块，用酱油、淀粉腌制；土豆、胡萝卜分别洗净，切块。②姜片在油锅中爆香，放入牛肉块翻炒，倒入酱油，加适量清水，用中火烧开。③放入土豆块、胡萝卜块，待牛肉块熟烂时，加盐调味即可。

此菜脂肪含量低，营养价值高。

芝麻含有丰富的蛋白质、碳水化合物和维生素等。

## 芝麻圆白菜　PM6:00

**营养功效：** 圆白菜富含维生素 C、维生素 E、叶酸等，常食有润肠通便的功效。

原料：圆白菜半棵，黑芝麻 1 把，盐、食用油各适量。

做法：①将黑芝麻去杂，用小火炒出香味。②圆白菜洗净，切丝。③油锅烧至七成热，放入圆白菜丝，翻炒至熟透发软，加盐调味，撒上黑芝麻拌匀即可。

## PM9:00　南瓜虾皮汤

**营养功效：** 南瓜不仅可以补充体力，而且其中含有的类胡萝卜素和矿物质对新妈妈的身体恢复有好处。

原料：南瓜 200 克，虾皮 10 克，葱花、盐、食用油各适量。

做法：①南瓜去皮，洗净，去瓤，切成块，备用。②锅内加少许油烧热，放入南瓜块，快速翻炒片刻，再加清水，大火煮开，转小火将南瓜块煮熟。③加盐调味，再放入虾皮、葱花略煮即可。

南瓜含有果胶，果胶有很好的吸附性，能起到排毒的作用。

# 产后第 35 天
# 营养食谱

## ♪ AM7:00 西葫芦饼

**营养功效：**西葫芦富含碳水化合物、蛋白质，做成西葫芦饼食用，符合本周新妈妈清淡、少盐的饮食原则。

原料：面粉 100 克，西葫芦 80 克，鸡蛋 2 个，盐、食用油各适量。

做法：①鸡蛋打散，加盐搅匀；西葫芦洗净，切丝。②将西葫芦丝放进蛋液里，加入面粉和适量水，搅拌均匀。③锅里放油，将面糊放进去，煎至两面金黄，盛出切块装盘即可。

西葫芦含有较多维生素 C，且钙的含量较高。

冬瓜是很好的减脂食物，搭配猪排骨，营养全面。

## 冬瓜海带排骨汤 ♪ AM10:00

**营养功效：**海带含有丰富的钙；猪排骨含有大量磷酸钙、骨胶原等，此汤可为产后妈妈提供钙质。

原料：猪排骨 200 克，冬瓜 100 克，海带、香菜碎、姜片、盐各适量。

做法：①海带先用清水洗净，泡软，切成丝；冬瓜去皮，切成片；猪排骨洗净，剁段。②将猪排骨块放入烧开的水中氽烫，去血沫后，捞起。③将海带丝、猪排骨块、冬瓜片、姜片一起放进锅里，加适量清水，大火烧开 15 分钟后，小火煲熟。④快起锅的时候，加盐调味，撒上香菜碎即可。

想要产后瘦身，好的睡眠也起着很重要的作用。因为睡眠的质量直接影响着激素的分泌量，充足、优质的睡眠可以增加激素分泌量，促进身体的新陈代谢，让脂肪快速地被分解和消耗。因此，新妈妈要保证充足的睡眠，这样既有充沛的精力照顾宝宝，又可以早日恢复苗条身材。

## ⏰ AM12:00 软熘虾仁腰片

**营养功效：**这道菜鲜嫩润口，可以补充钙及维生素。

原料：鲜虾仁、猪腰各 80 克，枸杞子 5 克，山药 20 克，蛋清、盐、食用油、酱油、料酒、米醋、淀粉、葱末各适量。

做法：①山药去皮，切小块；虾仁加淀粉、蛋清上浆。②猪腰去腰臊，洗净，切片，用盐、酱油、料酒、米醋腌制。③油锅烧热，将腰片炒熟，盛出。④锅中放油，放葱末炝锅，放入虾仁、腰片、枸杞子、山药块翻炒至熟，加盐调味即可。

腰片在腌制前可以先用开水余烫去腥。

乌鸡可补肝肾、清虚热、益脾胃，是很好的滋补食材。

## ⏰ PM9:00 桂花紫山药

**营养功效：**山药有健脾润肺、补中益气、止渴止泻等功效，与紫甘蓝同食，更有补益之功效。

原料：山药 50 克，紫甘蓝 40 克，糖桂花适量。

做法：①将山药洗净，去皮，切成条，上蒸锅蒸熟，晾凉。②紫甘蓝洗净，切碎，加适量水用榨汁机榨成汁。③将山药条在紫甘蓝汁里浸泡 1 小时至均匀上色。④摆盘，撒上糖桂花即可。

## 生地黄乌鸡汤 ⏰ PM6:00

**营养功效：**乌鸡可以为新妈妈补血补铁，而且肉质鲜嫩易消化，即使胃肠功能不佳的新妈妈也可以食用。

原料：乌鸡 1 只，生地黄、生姜、盐、料酒各适量。

做法：①将乌鸡洗净，剖开；生姜洗净，去皮，拍烂；生地黄用料酒洗净后切片，放入乌鸡腹中。②将乌鸡放入炖盅内，加适量水、姜片，大火煮开，改用小火炖至乌鸡肉熟烂。③汤成后，加入适量盐调味即可。

食用山药有助于新妈妈补益脾胃。

# 产后第 6 周：养肌肤，调体质

**新妈妈的
身体变化**

**乳房：防止下垂**

在哺乳期要避免体重增加过多，因为肥胖会导致乳房下垂。哺乳期的乳房呵护对预防乳房下垂特别重要。由于新妈妈在哺乳期乳腺内充满乳汁，重量明显增加，更容易加重乳房下垂的程度。所以哺乳期一定要佩戴文胸，同时要注意乳房卫生，防止发生感染。

**子宫：完全恢复**

本周，新妈妈的子宫内膜已经复原。子宫体积慢慢恢复到原来的大小。

**胃肠：适应产后饮食**

基本上没有什么不适感，荤素搭配的食谱，令胃肠变得很轻松。

**伤口及疼痛：无痛感**

到了本周，新妈妈的伤口已经愈合，基本上没有痛感。如果仍有新妈妈觉得伤口处疼痛，就需要去医院检查是否有其他隐患。

**恶露：完全消失，
开始来月经**

恶露已经完全消失，有些新妈妈已经开始来月经了。产后首次月经的恢复及排卵的时间都会受哺乳影响，非哺乳妈妈通常在产后 6~10 周就可能出现月经，而哺乳妈妈的月经恢复时间一般会延迟一段时间。

# 本周推荐食物

❶柑橘：柑橘含大量维生素，尤以维生素 C 含量高，既营养又能开胃。

❷山药：山药是新妈妈滋补及食疗的佳品。

❸莲藕：新妈妈适量吃点莲藕，能增进食欲，益血生肌。

❹菠萝：菠萝所含有的蛋白酶能帮助消化蛋白质，因此喜好肉食或经常消化不良的新妈妈，可以适量吃些菠萝。

# 产后第6周饮食调养方案

产后第6周，新妈妈腹部松弛状况有所改善，身体逐步恢复至产前状态。本周新妈妈可适当进行户外运动，但要注意不要着凉受风。新妈妈要在本周末做产后检查，产后42天务必去正规医疗保健单位进行一次全面的母婴健康检查。

## 1 宜：多食有助于养颜的食物

新鲜水果、蔬菜大多含有丰富的维生素C，有助于淡化色斑，如柠檬、猕猴桃、西红柿、橙子等。牛奶、糙米等也是很好的养颜食物。牛奶有助于延缓皮肤衰老，刺激皮肤新陈代谢，保持皮肤润泽、细嫩；糙米在为人体补充营养的同时，还有助于预防色斑的生成。

## 2 宜：吃蔬果皮，瘦身又排毒

冬瓜皮、西瓜皮和黄瓜皮这3种蔬果皮，具有清热利湿、消脂瘦身的功效，因此可常将这3种蔬果皮加在餐中。

食用西瓜皮前需先刮去蜡质外皮，冬瓜皮需刮去绒毛硬质外皮，黄瓜皮则可洗后直接食用。

## 增加膳食纤维的摄入量

膳食纤维有助于纤体、排毒，因此新妈妈应多摄取富含膳食纤维的蔬菜，以促进胃肠蠕动，减少脂肪堆积。

| AM 7:00 营养早餐 | + | AM 10:00 日间加餐 | + | AM 12:00 营养午餐 |

早餐原则：补血，养颜，润泽肌肤。

午餐原则：富含维生素，促进新陈代谢。

## 3 宜：饮食 + 运动瘦身

新妈妈在身体恢复得不错的情况下，可以从饮食和运动两方面入手达到瘦身的效果。饮食要清淡，在滋补的同时多摄取一些蔬菜、水果和谷物。此外，可适当进行锻炼，锻炼的时间不可过长，运动量也不能过大，要注意循序渐进，逐渐增加运动量。

## 4 忌：贫血时瘦身

如果分娩时失血过多，造成贫血，使产后恢复缓慢，在没有解决贫血的基础上瘦身势必会加重贫血。所以，新妈妈若贫血一定不能减肥，要多吃含铁丰富的食物。

**TIPS 月嫂的掏心话**

在开始有规律的运动之前，需要得到专业人士的指导。产后减肥需要考虑到多方面因素，不能盲目地运动瘦身，应该科学、健康地瘦身。

- 加强对乳房的呵护，预防乳房下垂。
- 非哺乳的妈妈在产后第 6 周可能会出现月经。
- 新妈妈可多到户外走走，以调节、愉悦身心。
- 本周末，新妈妈要带宝宝一起去医院做产后检查。
- 不可过量吃坚果。坚果的营养价值很高，但油脂比较大，新妈妈胃肠功能还未完全恢复，过量食用坚果很容易引起消化不良。
- 本周仍需要控制冷饮摄入。冷饮不仅会影响新妈妈脾胃正常的消化吸收功能，还易导致母乳喂养的宝宝腹泻。
- 便秘时不宜进行瘦身，应有意识地多喝水和多吃富含膳食纤维的蔬菜，如莲藕、芹菜等。

### 产后瘦身宜多食用苹果

苹果果胶属于可溶性膳食纤维，不但有助于加快胆固醇代谢，降低胆固醇水平，还助于加快脂肪代谢。

/ 早餐　⌣ 加餐　⌐ 午餐　| 晚餐　⌐ 加餐

\+ **PM 6:00** 花样晚餐 \+ **PM 9:00** 晚间加餐 = **排毒养颜，美白肌肤。**

滋补保健、益血生肌、缓解贫血萎黄、腰膝酸软。

晚餐原则：清热解毒，增强免疫力。

**维生素 C 有助于美白肌肤**

维生素 C 具有促进色素消褪的作用。猕猴桃、橙子、柠檬等维生素 C 含量高，均有助于美白祛斑。

# 产后第 36 天
# 营养食谱

## ♪ AM7:00 西蓝花彩蔬小炒

**营养功效：** 这道菜含有丰富的维生素，搭配馒头或花卷，有助于增加食欲，促进消化。

**原料：** 西蓝花半个，玉米粒 2 小匙，胡萝卜丁、青椒丁、红椒丁、盐、食用油、水淀粉各适量。

**做法：** ①玉米粒洗净备用；西蓝花去老茎，掰成小朵；胡萝卜丁、玉米粒放入锅中焯熟。②锅中加适量水，放入西蓝花焯烫 2 分钟，捞出沥水。③锅中热油，放入所有原料翻炒片刻，起锅。④西蓝花围边，用水淀粉勾芡淋在西蓝花上，将炒好的彩蔬放入盘中央即可。

此菜可促进肠蠕动，助消化。

若不喜甜食，可在粥中加盐调味。

## 木耳粥 ♪ AM10:00

**营养功效：** 木耳有助于养血驻颜，令人肌肤红润、容光焕发，并有助于预防缺铁性贫血。此粥可帮助新妈妈提高免疫力，促进身体机能的恢复。

**原料：** 大米 50 克，干木耳 5 克，白糖适量。

**做法：** ①大米洗净，冷水中浸泡 30 分钟，捞出，沥干水分；干木耳用冷水泡发，洗净，撕成小片。②锅中加入适量清水，倒入大米，用大火煮沸后改小火熬煮至熟，放入木耳片拌匀，用小火继续熬煮约 10 分钟。③木耳熟时加入白糖调味即可。

　　坐月子期间的主食要多样化,可选择面条、馒头、水饺、包子、米饭、馄饨等。避免长时间只吃一两种主食,既营养单一,又容易让新妈妈吃腻。

---

### ⏺ AM12:00 爆鳝鱼面

**营养功效:**此面不仅可以补充体力,还能帮助哺乳妈妈提高记忆力,并能通过乳汁促进宝宝的大脑发育。

**原料:**鳝鱼丝200克,青菜20克,面条100克,水淀粉、酱油、葱段、姜片、高汤、盐、食用油各适量。

**做法:**①青菜洗净,切段。②锅中热油,加入姜片、葱段煸香,放入鳝鱼丝,炒至熟。③加高汤、酱油、盐煮沸后,用水淀粉勾芡,浇在煮熟的面条、青菜上即可。

鳝鱼丝可补气益精,缓解产后腰膝酸软。

此菜味道鲜美,可解油腻,助消化。

### 橙香鱼排 ⏺ PM6:00

**营养功效:**此道菜易消化,还能补充维生素。

**原料:**鲷鱼1条,橙子1个,红椒半个,冬笋1根,盐、食用油、水淀粉各适量。

**做法:**①将鲷鱼清理干净,斩块;冬笋、红椒洗净,切丁;橙子取出肉粒。②锅中热油,将鲷鱼块裹适量水淀粉入锅炸至金黄色。③另起锅放水烧开,放入橙肉粒、红椒丁、冬笋丁,加盐调味,用水淀粉勾芡,浇在鲷鱼块上即可。

### ⏺ PM9:00 红枣板栗粥

**营养功效:**红枣富含维生素C和铁,板栗富含碳水化合物及矿物质等,与大米搭配煮粥,对健脑与强身都有很好的效果。

**原料:**板栗4颗,红枣5颗,大米50克。

**做法:**①将板栗煮熟,去壳,备用;红枣洗净,去核,备用;大米洗净,用清水浸泡30分钟。②将大米、板栗、红枣放入锅中,加清水煮沸后转小火煮至所有原料熟透即可。

红枣补血益气,此粥还有养颜的功效。

# 产后第 37 天
# 营养食谱

### ♪ **香菇玉米粥**
AM7:00

**营养功效：** 香菇有助于增强免疫力、补充体力；玉米甜香可口，含有丰富的膳食纤维。

**原料：** 大米 50 克，玉米粒 30 克，干香菇 3 朵，猪瘦肉、淀粉、盐各适量。

**做法：** ①猪瘦肉洗净，切粒，拌入淀粉；玉米粒洗净；大米洗净；干香菇用冷水泡软，去蒂，切丁备用。②在锅中加入适量清水，用大火煮开后将猪瘦肉粒、玉米粒、大米、香菇丁一同放入锅中，用小火煮熟，最后加盐调味即可。

香菇与玉米搭配，可以调理肠胃。

鸽肉有助于改善缺铁性贫血。

### **清炖鸽子汤** ♪
AM10:00

**营养功效：** 鸽肉营养价值很高，富含脂肪、蛋白质、维生素 A、钙、铁、铜等营养物质，非常适合新妈妈食用。

**原料：** 鸽子 1 只，香菇、水发木耳各 20 克，山药 50 克，红枣 3 颗，枸杞子、葱段、姜片、盐各适量。

**做法：** ①鸽子处理干净；香菇洗净，切十字花刀；木耳洗净，撕成大片；山药削皮，切块。②锅中加适量水烧开，放入处理好的鸽子汆烫去血沫，捞出备用。③砂锅中加水烧开，放姜片、葱段、红枣、香菇、鸽子，小火炖 30 分钟。④再放入枸杞子、木耳片、山药块，用小火炖至山药块软糯，加盐调味即可。

若新妈妈产后皮肤暗淡无光，很可能是营养缺失和脾失健运所致。建议新妈妈多吃些营养丰富、补脾健胃的食物，如山药、红薯、鲫鱼、大米等，还可以适当吃薏米、西红柿、西瓜、橙子、山楂、柑橘等，有利于皮肤的新陈代谢，帮助美白肌肤。

---

### AM12:00 南瓜牛腩饭

**营养功效：** 这道南瓜牛腩饭含有丰富的叶酸，且清淡可口，肉香中混合着南瓜淡淡的甜香，是新妈妈美容养颜的佳品。

**原料：** 米饭 1 碗，牛腩 100 克，南瓜 50 克，胡萝卜 20 克，高汤、葱花、盐各适量。

**做法：** ①牛腩洗净，切丁；南瓜、胡萝卜分别洗净，切丁。②将牛腩丁放入锅中，用高汤煮至八成熟，加入南瓜丁、胡萝卜丁、盐，煮至牛腩丁熟烂，浇在米饭上，撒上葱花即可。

此饭可以滋阴补虚，还有补血的功效。

新妈妈可以根据个人口味在粥中加些冰糖调味。

### PM9:00 鸡肝粥

**营养功效：** 鸡肝含丰富的蛋白质、脂肪、钙、磷、铁及维生素 A 和 B 族维生素。煮粥食用，有助于缓解血虚头晕、视物昏花等症状。

**原料：** 鸡肝、大米各 100 克，葱花、姜末、盐适量。

**做法：** ①将鸡肝洗净，切小丁；大米洗净。②大米放入锅中，加适量清水，煮至粥熟。③待熟时放入鸡肝丁、葱花、姜末、盐，再煮 5 分钟即可。

### 红小豆山药粥 PM6:00

**营养功效：** 此粥含较多的膳食纤维，有助于新妈妈润肠通便，保持身材。

**原料：** 红小豆、薏米各 20 克，山药 1 根，燕麦片适量。

**做法：** ①山药削皮，洗净，切小块。②红小豆和薏米分别洗净，放入锅中，加适量水，用中火烧沸，再关火焖 30 分钟。③将山药块和燕麦片倒入锅中，用中火煮沸后，小火焖煮至熟即可。

鸡肝可以补血，缓解体虚。

# 产后第 38 天
# 营养食谱

## AM7:00 牛肉萝卜汤

**营养功效：** 牛肉富含蛋白质，可以补中益气、滋养脾胃、强健筋骨；白萝卜有助于增强机体免疫力。

**原料：** 牛肉、白萝卜各 100 克，香菜碎、香油、盐、葱末、姜末各适量。

**做法：** ①将白萝卜洗净，切成片；牛肉洗净，切成小块，放入碗内，加盐、香油、葱末、姜末腌制片刻。②锅中放入适量开水，先放入牛肉块，煮沸后放入白萝卜片。③等牛肉块煮熟后加盐调味，撒上香菜碎即可。

此汤可以补虚益气，有助于提高新妈妈的抵抗力。

## 海参木耳小豆腐  AM10:00

**营养功效：** 此菜具有补肾益气、养血填精的功效，可改善新妈妈的贫血症状。

**原料：** 海参 50 克，豆腐 60 克，干木耳 5 克，芦笋、胡萝卜、黄瓜、葱末、姜末、盐、食用油、水淀粉各适量。

**做法：** ①海参、芦笋、胡萝卜洗净，切丁；干木耳泡发后切碎；黄瓜洗净，切片；豆腐切丁。②用开水将海参氽熟捞出；再焯熟芦笋丁，捞出。③油锅烧热，爆香葱末、姜末，放入胡萝卜丁、海参丁和木耳碎翻炒片刻，加入适量水。④烧沸后倒入豆腐丁、芦笋丁、黄瓜片，加盐调味，最后用水淀粉勾芡即可。

海参可缓解疲劳、提高免疫力、增强抵抗力。

不同的季节对新妈妈进补是有所影响的，产后调理进补也应该随季节稍做变化。一般性质温热的饮食，适用于冬季；春秋时节，可适当加一些姜和料酒作为调料；若是盛夏炎热之际，尽量不用料酒来烹调食物。

### ⏰ AM12:00　三丝牛肉

**营养功效：** 牛肉含有丰富的维生素 $B_6$，有助于增强免疫力。

原料：牛肉 100 克，水发木耳 30 克，胡萝卜 50 克，葱花、香油、酱油、白糖、盐、食用油各适量。

做法：①将牛肉、木耳、胡萝卜分别洗净，切丝。②用香油、酱油、白糖将牛肉丝腌 30 分钟。③油锅烧热，将牛肉丝放入锅中炒至八成熟后盛出。④将木耳丝、胡萝卜丝放入锅中翻炒片刻，加入牛肉丝翻炒，放盐调味，撒入葱花即可。

木耳润肺清热，和血养颜，是天然的滋补品。

### 黑芝麻花生粥　⏰ PM6:00

**营养功效：** 黑芝麻中的维生素 E 具有抗氧化的功能，有助于预防贫血。

原料：黑芝麻 5 克，花生仁 10 克，大米 50 克，冰糖适量。

做法：①大米洗净，用清水浸泡 30 分钟，备用。②黑芝麻炒香。③将大米、花生仁一同放入锅内，加清水用大火煮沸后，转小火再煮至大米熟透。④出锅时加入冰糖调味，撒上黑芝麻即可。

此粥可以补肝肾，养血美颜，缓解血虚头晕。

### ⏰ PM9:00　豆浆小米粥

**营养功效：** 新妈妈适时进食清淡、有营养的粥品对胃肠有好处。

原料：小米 100 克，黄豆 50 克，蜂蜜适量。

做法：①将黄豆泡好，加水打成豆浆，用纱布过滤去渣，备用；小米洗净，泡 30 分钟。②锅中加适量水，放入小米煮熟，再加入豆浆，烧开时撇去浮沫，搅匀，盛出。③晾温后加入适量蜂蜜调匀即可。

小米粥清淡香糯，搭配豆浆，营养丰富。

# 产后第 39 天
# 营养食谱

---

## ♪ 咖喱牛肉饭
**AM7:00**

**营养功效：** 牛肉对新妈妈乏力疲劳、贫血虚弱有缓解作用。

原料：牛肉 200 克，胡萝卜、土豆、香菇、洋葱各 50 克，米饭、葱花、咖喱、淀粉、盐、食用油各适量。

做法：①胡萝卜、土豆、洋葱洗净，去皮，切丁；香菇洗净，切片；牛肉洗净，切丁，用盐、淀粉腌 10 分钟。②油锅烧热，放入牛肉丁翻炒，将胡萝卜丁、土豆丁、洋葱丁、香菇片放入炒匀，加水，小火慢煮至土豆丁、胡萝卜丁绵软，将咖喱放入，煮沸。③将炒好的菜浇在米饭上，撒上葱花即可。

牛肉含有丰富的蛋白质、氨基酸，营养丰富。

豆腐有生津润燥的作用。

## 肉末豆腐羹
**AM10:00**

**营养功效：** 此羹营养丰富，是获得优质蛋白质、B 族维生素和矿物质、磷脂的良好来源。

原料：豆腐 100 克，猪肉末 50 克，水发黄花菜 15 克，酱油、盐、水淀粉、葱花、高汤各适量。

做法：①将豆腐洗净，切成块，用开水焯烫，捞出后过凉备用；黄花菜择洗干净，切成小段。②将高汤倒入锅内，加入猪肉末、黄花菜段、豆腐块、酱油、盐，煮沸，淋上水淀粉，撒上葱花即可。

健康又营养的月子餐可促进脂肪的代谢，帮助瘦身，让新妈妈的体质"更上一层楼"。少食多餐的饮食方式也有利于新妈妈瘦身。

## 鸡肉扒油菜
AM12:00

**营养功效：** 油菜和鸡肉同炒，既能为身体补充优质蛋白质，又能补充维生素。

原料：鸡胸肉 100 克，油菜 50 克，姜末、淀粉、盐、食用油各适量。

做法：①鸡胸肉洗净，切成丝；油菜洗净，掰开。②用盐、姜末、淀粉将鸡肉丝腌制 20 分钟。③油锅烧热，放入鸡肉丝煸炒片刻，加油菜继续翻炒至熟，加盐调味即可。

此菜热量低，有瘦身功效。

虾中蛋白质含量高，是很好的滋补食物。

## 鲜虾粥
PM6:00

**营养功效：** 此粥营养价值高，有助于增强人体的免疫力。

原料：鲜虾 20 克，大米 50 克，芹菜、香菜、香油、盐各适量。

做法：①虾去头，去虾线，洗净；芹菜、香菜洗净，切碎。②大米洗净，放入锅中加适量水煮粥。③粥煮熟时，把芹菜碎、虾放入锅中，放盐，搅匀，继续煮 5 分钟左右，再将香菜放入锅中，淋入香油，煮沸即可。

## 木瓜牛奶饮
PM9:00

**营养功效：** 牛奶有利于缓解疲劳并助眠，非常适合产后体虚和神经衰弱的新妈妈食用。

原料：木瓜 100 克，鲜牛奶 250 毫升，冰糖适量。

做法：①木瓜洗净，去皮去子，切成长条。②木瓜条放入锅内，加水，水没过木瓜条即可，大火熬煮至木瓜条熟烂。③加入鲜牛奶和冰糖，与木瓜条一起调匀，再煮至微沸即可。

此饮可健胃通便、滋润肌肤。

# 产后第 40 天
# 营养食谱

## ⏱ AM7:00 何首乌红枣大米粥

**营养功效：** 此粥有净血、安神的作用，有助于强壮身体，延缓衰老，是新妈妈的保健佳品。

原料：大米 50 克、何首乌 5 克，红枣 5 颗。

做法：①红枣洗净，取出枣核，备用；大米洗净，用清水浸泡 30 分钟，备用。②何首乌洗净，切碎，放入清水中浸泡 2 小时。③将泡好的何首乌用小火煎煮 1 小时，去渣取汁，备用。④再将大米、红枣、何首乌汁一同放入锅内，小火煮成粥即可。

何首乌可乌发、强身，搭配红枣有养颜美容的功效。

西红柿柠檬汁还有助于排毒、预防色斑。

## 西红柿柠檬汁  AM10:00

**营养功效：** 饮用此汁可生津止渴，提高新妈妈的抵抗力。

原料：西红柿 2 个，柠檬半个，蜂蜜适量。

做法：①西红柿洗净切大块；柠檬洗净切厚片。②将西红柿块和适量温水放入榨汁机中打成汁，倒入杯中；将柠檬汁挤进杯中，搅拌均匀，加入蜂蜜调味即可。

产后瑜伽有助于身体恢复，新妈妈适当练习瑜伽可以改善骨盆底支持组织、韧带的松弛状态，缓解肌肉疼痛。定期进行适度的瑜伽锻炼还可以帮助新妈妈缓解紧张情绪，紧实胸部、腹部、腿部肌肉，既能防抑郁，又有助于减肥。

## AM12:00 板栗鳝鱼煲

**营养功效：** 板栗鳝鱼煲有很强的补益作用，特别是对身体虚弱的新妈妈补益效果更为明显。

原料：鳝鱼 200 克，板栗 50 克，姜片、盐、料酒各适量。

做法：①鳝鱼去肠及内脏，洗净后切斩段，用热水氽烫去黏液，加盐、料酒腌制，备用；板栗洗净，去壳，备用。②将鳝鱼段、板栗、姜片一同放入砂锅内，加入适量清水，大火煮沸，转小火煲熟，出锅前加入盐调味即可。

板栗搭配鳝鱼，是调理体质的佳品。

此菜清淡鲜美，可解油腻，益脾胃。

## 牛奶白菜 PM6:00

**营养功效：** 此菜口味清淡，营养丰富，适合新妈妈食用。

原料：白菜 100 克，牛奶 120 毫升，盐、食用油、高汤、水淀粉各适量。

做法：①白菜洗净，切丝；将牛奶倒入水淀粉中搅匀。②油锅烧热，倒入白菜丝，再加些高汤，烧至七成熟。③放入盐，倒入调好的牛奶汁，再烧开即可。

## PM9:00 红小豆冬瓜粥

**营养功效：** 红小豆有清心养神、健脾益肾的功效，还含有较多的膳食纤维，具有良好的润肠通便、健美减肥的作用。

原料：大米 30 克，红小豆 20 克，冬瓜、白糖各适量。

做法：①红小豆和大米分别洗净，浸泡 30 分钟；冬瓜去皮，切块。②在锅中加适量清水，大火烧沸后，放入红小豆和大米，煮至大米开花，加入冬瓜块同煮。③熬至冬瓜块熟透，加白糖即可。

冬瓜是良好的瘦身食材。

# 产后第 41 天营养食谱

## AM7:00 什锦鸡粥

**营养功效：**此粥含有丰富的蛋白质、脂肪、碳水化合物、钙、磷、铁、B 族维生素等多种营养物质，能够增强抵抗力。

原料：大米 50 克，鸡翅 1 个，香菇 3 朵，虾 5 只，青菜、葱花、姜末、盐各适量。

做法：①鸡翅洗净，在沸水中余烫一下捞出；香菇洗净，切块；青菜洗净，切段；大米洗净；虾处理干净后切细丝。②锅内倒入适量水，放入鸡翅、姜末、葱花，用大火煮开后转小火再煮，去其浮油。③将大米倒入锅内，用中火煮20 分钟后，依次加入虾丝、香菇块、青菜段，待粥熟后加盐调味。

此粥可补益气血，有滋补之功效。

魔芋是常见的减脂瘦身食材，适宜熬汤食用。

## 荠菜魔芋汤 AM10:00

**营养功效：**魔芋有助于促进肠道蠕动，是产后新妈妈瘦身食谱中常备的食材。

原料：荠菜 150 克，魔芋丝 100 克，盐、姜丝、红椒丝各适量。

做法：①荠菜择洗干净，切成段，备用。②魔芋丝洗净，用开水煮 2 分钟去味，沥干，备用。③将魔芋丝、荠菜段、姜丝放入锅内，加清水用大火煮沸，转中火煮至荠菜段熟软。④出锅前加盐调味，撒上红椒丝即可。

新妈妈在弯腰时，注意动作不要过猛；取东西时要靠近物体，避免姿势不当拉伤腰肌；避免提过重的物体或举物体过高；抱宝宝时，尽量利用手臂和腿的力量，腰部少用力。

---

## AM12:00　三鲜汤面

**营养功效：** 鸡肉有助于增强新妈妈的抵抗力，缓解产后疲劳。

原料：面条 100 克，鸡肉 30 克，虾肉、海参各 20 克，香菇 2 朵，盐、食用油、料酒各适量。

做法：①将虾肉、鸡肉、海参、香菇分别洗净，切成细条状。②锅中加水，烧沸后放入面条，煮熟。③油锅烧至七成热，放入虾肉条、鸡肉条、海参条、香菇条翻炒，加料酒和适量水，煮熟后加盐调味，浇在面条上即可。

鸡肉和虾肉皆肉质细嫩，易消化吸收。

此粥口感甜糯绵密，还容易消化。

## 红枣银耳粥　PM6:00

**营养功效：** 银耳含有蛋白质、碳水化合物、膳食纤维等营养元素，有助于增强新妈妈的免疫力。

原料：干银耳 5 克，红枣 2 颗，大米 100 克，冰糖适量。

做法：①干银耳用温水泡发，撕成小朵；红枣洗净，去核；大米洗净，浸泡 30 分钟。②在锅中放入清水，将大米、红枣和银耳一同放入锅中，用大火烧沸后改用小火熬煮至粥熟，加入适量冰糖调味即可。

## PM9:00　水果酸奶吐司

**营养功效：** 水果酸奶吐司能给新妈妈补充丰富的维生素。

原料：吐司 2 片，酸奶 250 毫升，蜂蜜、草莓、哈密瓜、猕猴桃、核桃仁碎各适量。

做法：①吐司切成方丁；哈密瓜洗净，去皮，切块；草莓洗净，去蒂，切块；猕猴桃取肉，切小丁。②将酸奶盛入碗中，调入适量蜂蜜，再加入吐司丁、哈密瓜块、草莓块、猕猴桃丁、核桃仁碎搅拌均匀即可。

新妈妈多食用新鲜水果有益于美颜瘦身。

# 产后第 42 天
# 营养食谱

## ♩ AM7:00 豆芽木耳汤 ▶

**营养功效**：豆芽有助于消除疲劳，木耳有助于提高免疫力，很适合产后新妈妈食用。

**原料**：黄豆芽 100 克，干木耳 5 克，西红柿 1 个，高汤、盐、食用油各适量。

**做法**：①在西红柿的外皮上轻划十字刀，放入沸水中烫熟，取出，泡冷水中去皮，切块；木耳泡发后切条；黄豆芽洗净。②锅中放油烧热，放入黄豆芽翻炒，加入高汤，放入木耳条、西红柿块，用中火煮熟，加入盐调味即可。

黄豆芽中的维生素和膳食纤维含量较高。

海鲜营养丰富，味道鲜美。

## ◀ 什锦海鲜面 ♩ AM10:00

**营养功效**：鱿鱼富含蛋白质、钙、磷、铁、硒等矿物质，有助于补充脑力；鲑鱼肉有补虚劳、健脾胃的功效。

**原料**：面条 100 克，蛤蜊 2 个，虾 2 只，鱿鱼 1 条，鲑鱼肉 20 克，香菇 2 朵，猪里脊肉 15 克，葱花、香油、盐各适量。

**做法**：①虾处理干净，洗净；鱿鱼、猪里脊肉切片；蛤蜊处理干净。②香油倒入锅中烧热，放里脊肉片炒香，之后放入虾、蛤蜊、香菇和适量水烧开。③将鱿鱼片、鲑鱼肉放入锅中煮熟，加盐调味后盛入碗中。④面条用开水煮熟，捞起放入碗里，撒上葱花即可。

产后 42 天，新妈妈和宝宝要去医院做一次细致的产后检查。产后检查不但能及时发现新妈妈的健康隐患，还能避免其对宝宝健康造成不良影响，新妈妈应重视起来。

## AM12:00 西红柿炖牛腩

**营养功效：** 牛腩和西红柿同食，可养胃健脾，增加食欲。

原料：牛腩 250 克，西红柿 1 个，姜末、盐、食用油各适量。

做法：①西红柿洗净，去皮，切块；牛腩洗净，切块，在开水中氽烫去血水，捞出。②锅中倒适量油加热，放入西红柿块炒熟，加盐后翻炒片刻，盛出。③锅中加入适量水，放入牛腩块、姜末，大火煮开后，改小火炖煮。④再加入炒熟的西红柿块继续炖煮至牛腩烂熟，最后加盐调味即可。

西红柿搭配牛腩开胃下饭，还能为新妈妈补充维生素。

## 南瓜金针菇汤 PM6:00

**营养功效：** 金针菇有助于健脑益智，而且富含膳食纤维。

原料：南瓜 100 克，金针菇 50 克，高汤、盐各适量。

做法：①南瓜洗净，切块；金针菇洗净。②将南瓜块放入锅中，加入高汤用大火煮沸后，转小火煲 15 分钟。③加入金针菇转大火煮沸，熟后加盐调味即可。

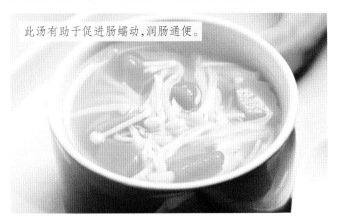
此汤有助于促进肠蠕动，润肠通便。

## PM9:00 核桃百合粥

**营养功效：** 核桃有补血养气、润燥通便的功效；百合能清心安神，可帮助新妈妈缓解疲劳。

原料：核桃仁、鲜百合各 20 克，大米 50 克。

做法：①鲜百合洗净，掰成片；大米洗净，用清水浸泡 30 分钟，备用。②将大米、核桃仁、百合片一起放入锅中，加适量清水，用大火煮沸后改用小火，继续煮至米烂粥稠即可。

百合有安神的功效，有助于提高新妈妈的睡眠质量。

# 第三章

## 产后需求不同，营养方案也不同

分娩使新妈妈元气大损，身体变得十分虚弱，因此月子里的新妈妈急需通过饮食调理，将身体损耗的能量补回来。那么，坐月子期间，新妈妈需要重点补充哪些营养？又有哪些食物可以帮助新妈妈有针对性地滋补身体呢?

听王老师怎么讲

# 下奶
# 营养建议

① 宜吃五谷补充能量　② 食物荤素搭配　③ 少吃多餐，保持乳汁充足　④ 宜吃虾养血通乳

哺乳妈妈在哺喂宝宝时，**一要保证乳汁的"量"，二要保证乳汁的"质"**。要想保证乳汁质量，需特别注意平时饮食。妈妈吃好了，大量营养才能转化为源源不断的乳汁提供给宝宝。

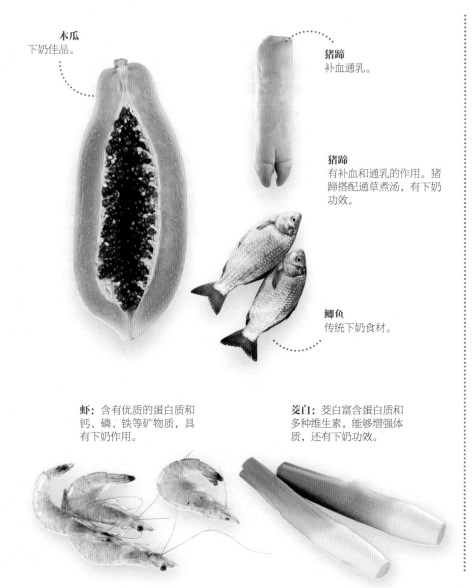

**木瓜**
下奶佳品。

**猪蹄**
补血通乳。

**猪蹄**
有补血和通乳的作用。猪蹄搭配通草煮汤，有下奶功效。

**鲫鱼**
传统下奶食材。

**虾**：含有优质的蛋白质和钙、磷、铁等矿物质，具有下奶作用。

**茭白**：茭白富含蛋白质和多种维生素，能够增强体质，还有下奶功效。

## 宜吃五谷补充能量

五谷杂粮是我们经常食用的主食，谷类是碳水化合物、膳食纤维、B 族维生素的主要来源，它们的营养价值并不低于其他食物。哺乳妈妈常吃谷类食物，可以补充热量、维生素等。

## 荤素搭配使乳汁营养均衡

荤菜中多含有蛋白质、脂肪，素菜中多含有丰富的维生素、膳食纤维和微量元素，食物荤素搭配能使乳汁中的营养更丰富，有助于宝宝成长。

## 一日五餐保持乳汁充足

哺乳妈妈很容易饿，这是因为哺乳妈妈摄入的营养还要通过乳汁供给宝宝，所以自身需要的营养就会更多。新妈妈少食多餐不仅有利于胃肠健康，还利于瘦身，并能保证乳汁的质和量。

## 虾

虾营养丰富,肉质松软、易消化,对身体虚弱、产后需要调养的新妈妈有很好的食疗功效。此外,虾的下奶作用很强,并且富含磷、钙,能为新妈妈补充微量元素。

虾有助于增强人体的免疫力。虾的蛋白质含量高,且脂肪含量低,适合新妈妈食用。此外,小虾米和虾皮中富含钙、磷、铁,每天适量吃虾皮,可以为新妈妈补钙。

## 鲫鱼

鲫鱼肉质细嫩,味道鲜美,且有很好的下奶作用。

鲫鱼富含优质蛋白,氨基酸种类较全面,易于消化吸收,新妈妈常吃鲫鱼可以增强抗病能力。另外,鲫鱼还含有丰富的矿物质,尤其钙、磷、钾、镁含量较高,可为新妈妈补充微量元素。

## 猪蹄

猪蹄有补血通乳的作用,是传统的产后下奶佳品。此外,猪蹄中含有丰富的胶原蛋白,它能改善皮肤状况,使皮肤细润饱满、平整光滑。新妈妈常吃猪蹄,可以补充胶原蛋白,有助于美容养颜。

## 木瓜

木瓜具有美白、下奶的功效,既可以生食,也可以做熟食用。不仅如此,木瓜中含有的木瓜蛋白酶可以促进蛋白质分解,有助于身体对食物的消化吸收,促进新陈代谢。

木瓜还能够清心润肺,帮助消化,缓解胃部不适。因此,新妈妈适当吃些木瓜,有助于调理胃肠功能,增强免疫力。木瓜中含有的维生素 C 和 β - 胡萝卜素有很强的抗氧化能力,有助于减轻妊娠纹,使灰暗的皮肤焕发光泽,使肌肤变得细腻、白皙。

# 下奶食谱
# 下奶通乳

## 鲫鱼丝瓜汤

**营养功效：** 鲫鱼不仅有助于增强人体的免疫力，还具有下奶作用。适合产后1周后食用，产后第1周内也可适当喝些。

原料：鲫鱼1条，丝瓜200克，姜丝、葱末、盐、食用油各适量。

做法：①将鲫鱼处理干净，切段，加入少许盐拌匀，腌制10分钟；丝瓜削皮，洗净，切成斜片。②锅置火上，倒入油烧热，放入鲫鱼段，两面煎黄，放入姜丝、葱末，加适量清水煮汤。③待沸后，放入丝瓜片，加盐，煮至鲫鱼段、丝瓜片熟透即可。

鲫鱼和丝瓜都是下奶佳品，一起炖食可以促进新妈妈泌乳。

猪蹄富含胶原蛋白，有补血催乳之功效。

## 通草炖猪蹄

**营养功效：** 通草有通乳的功效，红枣具有养颜补血的功效，此汤适合新妈妈食用，通乳又滋补。

原料：猪蹄100克，红枣3颗，通草5克，花生仁20克，姜片、葱段、盐、食用油各适量。

做法：①猪蹄洗净，剁成块；红枣、花生仁用水泡透；通草洗净，切段。②锅内加适量水烧开，放入猪蹄块，汆去血沫，捞出。③油锅烧热，放入姜片、猪蹄块，爆炒片刻，加入清水、通草段、红枣、花生仁、葱段，用中火煮至汤色变白、猪蹄熟透，加盐调味即可。

产后乳汁的分泌需要一个过程。产后前几天乳汁分泌量较少,可以让宝宝多吸吮乳房,也可以采取按摩乳房的方法来催乳,渐渐地乳汁就会多起来。一般来说,喝下奶汤的时间应为产后5~7天,过早或过迟都不利于新妈妈的身体恢复。

# 木瓜烧带鱼

**营养功效:** 木瓜有助于哺乳期的新妈妈分泌乳汁;带鱼含有多种营养成分,有补虚作用。

原料:带鱼1条,木瓜半个,葱段、姜片、醋、盐、酱油各适量。

做法:①将带鱼处理干净,切段;木瓜洗净,削皮,去子,切块。②砂锅置火上,加入适量清水,放入带鱼段、木瓜块、葱段、姜片、醋、盐、酱油,一同炖至带鱼熟透即可。

带鱼有补虚、止血的功效,特别适合新妈妈食用。

黄花菜富含膳食纤维,滋补的同时也可以促进胃肠蠕动。

# 黄花菜鲫鱼汤

**营养功效:** 此汤有养气益血、补虚通乳的作用。

原料:鲫鱼1条,干黄花菜、盐、食用油、姜片、葱花各适量。

做法:①鲫鱼处理好,洗净,用姜片和盐腌制片刻。②干黄花菜用温水泡开,再用凉水冲洗后捞出;把腌好的鲫鱼用水冲洗一下,沥干。③将鲫鱼放入油锅中煎至两面发黄,倒入适量开水,放入姜片、黄花菜,用大火稍煮。④放入盐,转小火炖至黄花菜熟透,撒上葱花即可。

# 花生鱼头汤

**营养功效:** 鱼头富含不饱和脂肪酸,有助于提高新妈妈免疫力;花生有助于促进新妈妈乳汁分泌。

原料:鱼头1个,花生仁、红枣、姜片、盐、食用油各适量。

做法:①鱼头处理干净;红枣洗净;花生仁洗净备用。②油锅烧热,放入姜片爆香,再放入鱼头,煎至两面金黄,加水没过鱼头,大火烧沸。③加入花生仁和红枣,烧开后转小火煲40分钟,加盐调味即可。

花生富含卵磷脂,有助于增强记忆力。

听王老师
怎么讲

# 催乳
## 营养建议

① 觉得饿了就要
及时进食

② 及时补充
水分

③ 慎吃熏烤
食物

**母乳是宝宝的优选食物**，然而，很多新妈妈产后乳汁分泌不畅，这就需要食用一些催乳的食物来调理。

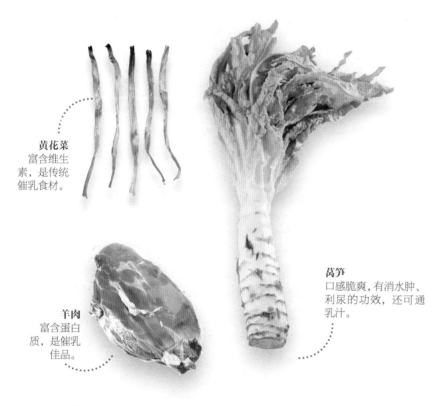

**黄花菜**
富含维生
素，是传统
催乳食材。

**羊肉**
富含蛋白
质，是催乳
佳品。

**莴笋**
口感脆爽，有消水肿、
利尿的功效，还可通
乳汁。

**花生**：富含多种营养物质，
其丰富的蛋白质是养血催
乳的重要成分。

**豌豆**：富含蛋白质和多种矿
物质，有催乳的功效。

## 觉得饿了就进食

哺乳期新妈妈只要饿了就应该吃些东西，这样不仅有利于自己的健康，预防低血糖的发生，还利于胃肠的保健。哺乳妈妈长期饿肚子，会导致乳汁越来越少，容易出现不适症状，所以为了母子健康，应该饿了就吃，保证能量充足。

## 及时补充水分

哺乳妈妈每天会消耗大量水分，若体内的水分不足，会影响泌乳量，从而影响宝宝的健康。因此，新妈妈每天应及时补充水分，保证水分摄取充足。

## 慎吃熏烤食物

一些酱卤肉制品、熏烧烤肉制品、熏煮香肠火腿制品含有过量食物添加剂、亚硝酸盐和复合磷酸盐，新妈妈为了自己和宝宝的健康应慎吃。

**鱼头汤营养丰富**,可补充优质蛋白,有助于乳汁分泌,适合哺乳妈妈食用。

# 催乳食谱
# 催乳补血

## 红枣蒸鹌鹑

**营养功效：**红枣可以为新妈妈补血；鹌鹑所含的蛋白质易被人体消化吸收，很适合产后食用。

原料：鹌鹑1只，红枣3颗，姜片、葱段、盐、淀粉、料酒各适量。

做法：①将鹌鹑处理好，洗净；红枣洗净，去核，备用。②将鹌鹑与红枣、姜片、葱段、盐、料酒、淀粉拌匀，放入蒸碗里，加适量清水。③将蒸碗放入蒸锅中，隔水将鹌鹑蒸至熟烂即可。

红枣和鹌鹑都有补血益气的功效。

猪蹄富含胶原蛋白，可使肌肤细白红润。

## 猪蹄肉片汤

**营养功效：**此汤不仅可以滋补身体，润肤养颜，还能催乳养血，是哺乳新妈妈的滋补佳品。

原料：猪蹄1只，咸肉70克，冬笋片50克，干木耳5克，香油、米酒、姜片、盐各适量。

做法：①咸肉洗净，切片；干木耳泡发；猪蹄洗净，剁块，用沸水汆烫去除腥味。②将香油倒入锅中，放入姜片、猪蹄块炒至猪蹄块外皮变色为止。③将炒好的猪蹄块与咸肉片、冬笋片、木耳和适量水放入高压锅内，加入米酒一起炖煮。④待猪蹄熟烂，出锅前加香油、盐调味即可。

　　哺乳对新妈妈乳房健康有益,还对子宫恢复有利,因为宝宝的吸吮可以促进子宫的收缩,帮助子宫恢复。有人认为,母乳喂养容易使乳房下垂变形,实则不然,只要新妈妈经常按摩,并佩戴合适的文胸支撑,就可以防止乳房变形。

# 清蒸大虾

**营养功效:**虾富含磷、钙等营养物质,对产后乳汁分泌不畅的新妈妈尤为适宜。

原料:鲜虾、葱花、高汤、醋、香油各适量。

做法:①鲜虾去脚、须、皮,择除虾线,洗净;姜洗净,一半切丝,一半切末。②将鲜虾摆在盘内,加入葱花、姜丝和高汤,上笼蒸 10 分钟左右后取出。③用醋、姜末和香油兑成汁,蘸食即可。

虾用清蒸的做法可以很好地保留鲜味。

# 王不留行猪蹄汤

**营养功效:**猪蹄汤是乳汁不足的新妈妈的常备食材,加上王不留行,催乳效果更强。

原料:猪蹄 1 个,王不留行 10 克,盐适量。

做法:①王不留行用纱布包裹;猪蹄洗净,剁块。②将王不留行纱包和洗净的猪蹄块一起放进锅内,加水煮烂。③出锅前取出纱包,加盐调味即可。

王不留行是一味中药,可活血通经、下奶消肿。

# 花生鸡爪汤

**营养功效:**此汤有助于促进乳汁分泌,有利于子宫恢复。

原料:鸡爪 50 克,花生仁 20 克,姜片、盐各适量。

做法:①鸡爪处理干净;花生仁用温水浸泡 30 分钟。②锅中加适量水,大火煮沸后,放入鸡爪、花生、姜片,煮至熟透。③加盐调味,转小火焖煮 20 分钟即可。

鸡爪多皮、筋,胶质多,很适合煮汤。

听王老师
怎么讲

# 回乳
## 营养建议

①回乳期间宜多吃
些炒麦芽粥

②忌食
下奶食物

③非哺乳新妈妈
宜边回乳边进补

　　有些新妈妈因为身体或其他原因，不能进行母乳喂养，**此时新妈妈宜用食疗的方法逐渐回乳**。在回乳期间，新妈妈可以多食用一些有回乳作用的食物，**比如炒麦芽、韭菜、花椒等**。

**韭菜**
具有回乳作用。

**苦瓜**
可泡水饮用，具有回乳功效。常喝苦瓜茶，还可以减肥、降血脂、降血压。

**炒麦芽：**是大多数新妈妈回乳时会选到的食材。具有行气、消食、回乳的功效。

**花椒：**是常见的回乳食物，可减轻乳房胀痛。

## 回乳宜多吃些炒麦芽粥

　　回乳期间需要多吃一些炒麦芽粥之类的食物。炒麦芽粥里可以多添加些营养丰富的食材，比如杏仁、核桃仁、松子仁等，增强新妈妈食欲。

## 忌食下奶食物

　　新妈妈回乳时，应忌食促进乳汁分泌的食物，如花生仁、猪蹄、鲫鱼等，少吃蛋白质含量丰富的食物，这样可以减少乳汁的分泌。回乳期还要注意适度减少水分的摄入量。

## 宜边回乳边进补

　　新妈妈忙于回乳的同时，也要适当进补，毕竟产后身体的恢复不是一蹴而就的事情。宜选择低脂、低热量，但是滋补功能强的食物作为有益的补充。另外，还要避免回乳过急，回乳过急易导致乳汁淤积引发乳腺炎。

**韭菜有回乳的作用,**韭菜与鸡蛋搭配,营养又美味,需要回乳的新妈妈可多吃一些。

# 回乳食谱
# 退乳消胀

## 山楂麦芽粥

**营养功效**：此粥有回乳的作用，可缓解回乳时乳房胀痛、乳汁淤积等症状，适宜新妈妈回乳期间食用。

原料：大米 50 克，炒麦芽 10 克，山楂 3 克。

做法：①将山楂洗净，切片，炒焦；大米洗净，备用；②大米放入锅中，加适量水，大火煮开后转小火继续煮 15 分钟。③将山楂片与炒麦芽放入锅中，继续煮 15 分钟即可。

炒麦芽可帮助新妈妈回乳，山楂可开胃消食。

胡椒粉可用料酒代替，以去腥。

## 麦芽鸡汤

**营养功效**：老母鸡与炒麦芽搭配不但有回乳作用，还是补虚佳品，适合需要回乳的新妈妈食用。

原料：老母鸡半只，炒麦芽 60 克，高汤、盐、食用油、胡椒粉、葱段、姜片各适量。

做法：①老母鸡洗净，斩块，备用。②油锅烧热，放入葱段、姜片、鸡块煸炒几下，加入高汤、炒麦芽，小火炖 1 小时，再加胡椒粉、盐调味即可。

回乳期间,新妈妈可适当控制一下水分的摄入,否则母乳分泌过多,会有胀奶的现象。如果新妈妈胀奶难受,可以挤出少量乳汁,但是不要完全挤出,否则会促进乳汁分泌,适得其反。

# 韭菜炒虾仁

**营养功效:** 韭菜中含有大量的维生素和膳食纤维,能促进胃肠蠕动,刺激食欲,让非哺乳新妈妈拥有好胃口。

原料:韭菜 200 克,虾仁 100 克,料酒、高汤、葱丝、姜丝、蒜末、香油、食用油、盐各适量。

做法:①韭菜择洗干净,切成小段。②油锅烧热,放入葱丝、姜丝、蒜末炒香,然后放入虾仁煸炒,再放入料酒、高汤、盐稍炒,最后放入韭菜段,大火翻炒片刻,淋入香油即可。

韭菜和鸡蛋也可作馅料。

食用韭菜有助于提高新妈妈的免疫力。

# 韭菜炒鸡蛋

**营养功效:** 这道菜有助于补钙强身、温中开胃,还有回乳功效。

原料:韭菜 200 克,鸡蛋 2 个,盐、食用油各适量。

做法:①将韭菜择洗干净,切段,备用;将鸡蛋打入碗中,搅拌均匀。②油锅烧至六成热,倒入鸡蛋液翻炒成块,盛出装盘。③将余油烧热,放入韭菜段翻炒,快熟时倒入鸡蛋块,翻炒几下,加盐调味即可。

# 花椒红糖饮

**营养功效:** 此汤饮可帮新妈妈回乳,不喜欢花椒味道的新妈妈,可多加些红糖。花椒性热,夏天食用容易引起上火,回乳时每天饮用花椒红糖饮 1 次即可。

原料:花椒 12 克,红糖适量。

做法:①将花椒清洗干净,沥干水分。②锅中加适量水,放入花椒,待水烧开后,转小火继续煮 20 分钟。③在花椒水中调入适量红糖,搅拌均匀即可。

花椒搭配红糖饮用,还有温中散寒的作用。

听王老师
怎么讲

# 瘦身
# 营养建议

① 宜吃低热量、
低脂肪的食物

② 多吃含膳食
纤维的蔬菜

③ 吃竹荪有助于
减少脂肪堆积

产后如何吃得健康、营养？既能满足宝宝营养所需，又不至于囤积太多脂肪，这是许多新妈妈关心的问题。产后第5周开始，新妈妈的饮食中可**加入低脂、瘦身食物**，通过科学的饮食，减少脂肪的摄入，兼顾营养和美丽。

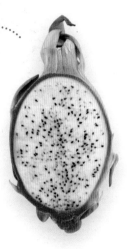

**火龙果**
所含膳食纤维较
多，进食后容易
产生饱腹感。

**竹荪**
有助于减少
体内脂肪堆
积，是产后
瘦身的理想
食材。

**魔芋**
热量低，有助于瘦身。

## 宜多吃豆制品

豆制品中蛋白质含量高，还能补钙，且不含胆固醇，特别适合新妈妈瘦身食用。同时，各种豆制品美味可口，能增强食欲。

## 多吃含膳食纤维的蔬菜

莲藕、银耳、木耳、香菇等食物中含有丰富的膳食纤维，能帮助新妈妈增强免疫力，还有助于促进胃肠蠕动，润肠通便。

## 宜吃竹荪减少脂肪堆积

竹荪味道鲜美，营养丰富，含多种矿物质，如锌、铁、铜、硒等。竹荪有助于降低体内胆固醇，减少体内脂肪堆积。

**糙米：**富含 B 族维生素、
膳食纤维，有助于新妈妈
减肥瘦身。

**冬瓜：**消肿利水，有利于瘦身。

# 产后瘦身的误区

### 误区1: 产后肥胖很正常,以后很快就瘦了
**揭秘误区**

有些新妈妈产后可以很快瘦下来,但这是少数,很可能这部分新妈妈在孕期就开始控制体重,整个孕期体重都没有增长太多,因此她们产后只要稍微控制饮食,做做运动,再加上哺喂宝宝,很快就瘦了。而大部分的新妈妈产后还是会胖的。

### 误区3: 生完宝宝就节食,减肥就要趁早
**揭秘误区**

产后42天内,新妈妈不要盲目地通过控制饮食来减肥。刚刚生产完的新妈妈,身体还未恢复到孕前的状态,加上哺乳,正是需要补充营养的时候。此时如果强制节食,不仅会导致新妈妈身体恢复慢,还有可能引起产后并发症,也会导致宝宝营养跟不上。

### 误区5: 高强度的运动能快速瘦身
**揭秘误区**

运动刚开始阶段,会先消耗体内的葡萄糖,然后才开始消耗脂肪。如果运动强度太大,还没调动脂肪"燃烧"就精疲力竭了,不但达不到减肥目的,还可能使心脏负荷过重,所以瘦身运动讲究循序渐进。

### 误区2: 母乳喂养的妈妈吃得多,瘦不下来
**揭秘误区**

哺乳可以消耗新妈妈体内的热量和脂肪,坚持哺乳有助于减肥瘦身。但是有很多哺乳妈妈并没有瘦,一方面与体质有关;另一方面,有些新妈妈认为只要坚持母乳喂养就能够自然瘦下来,于是就肆无忌惮地大吃,导致摄入过多的热量,身体无法消耗,以至于转化成脂肪在体内储存。

### 误区4: 产后服用减肥药、减肥茶
**揭秘误区**

大多数减肥产品含有利尿剂、泻药和膨胀剂,这些成分对我们的身体不利。而服用药物一般减的是水分,而不是脂肪,一旦停止服用后,就容易出现便秘、体重反弹等现象。而且药物会通过母乳进入宝宝体内,给宝宝带来不良影响,所以产后不能服用减肥产品。

# 瘦身食谱
# 减脂消肿

## 芦笋口蘑汤

**营养功效：**芦笋低糖、低脂肪，含有丰富的膳食纤维，能促进消化，帮助减肥；口蘑含有多种维生素，有助于消化，可帮助新妈妈理气补血。

**原料：**芦笋100克，口蘑50克，黄椒30克，姜片、葱花、盐、香油、食用油各适量。

**做法：**①芦笋洗净，切段；口蘑洗净，切片；黄椒洗净，切菱形片。②锅中倒油烧热，放入葱花、姜片煸香，放入芦笋段、口蘑片略炒，加适量水略煮，再放入盐调味。③最后放黄椒片煮熟，淋入香油即可。

此汤清淡味美，有助于促进肠蠕动。

竹荪是减脂常备食材，搭配红枣补血又瘦身。

## 竹荪红枣汤

**营养功效：**竹荪味道鲜美，脂肪含量很低，适合体重增长过快的新妈妈食用。

**原料：**竹荪50克，莲子10克，红枣2颗，冰糖适量。

**做法：**①竹荪用清水浸泡1小时，至完全泡发后，剪去两头，洗净泥沙，放在热水中煮1分钟，捞出，沥干水分，备用。②莲子洗净，去心；红枣洗净，去核，备用。③将竹荪、莲子、红枣一起放入锅中，加清水，大火煮沸后，转小火再煮20分钟。④出锅前加入适量冰糖调味即可。

产后减肥需要考虑到膳食、运动、健康等多方面的因素,不能盲目吃减肥药瘦身,应该科学健康地瘦身。跟开展任何一项瘦身活动一样,新妈妈在开始有规律的运动之前,需要得到医生或专业人士的指导。

# 香菇烧冬瓜

**营养功效:** 这道菜脂肪含量低,适合产后减脂时吃。

原料:香菇 100 克,冬瓜 150 克,水淀粉、姜片、葱段、酱油、盐、食用油各适量。

做法:①冬瓜洗净,去皮,切成片;香菇去蒂,洗净,切片,用开水焯熟。②热锅内放油,烧热后放入姜片、葱段、冬瓜片,煸炒片刻,加适量水、酱油。③放入香菇片,略炒,然后加盐,用水淀粉勾芡即可。

此菜可以为新妈妈补充维生素。

鸭肉脂肪含量低,是很好的瘦身滋补食材。

# 魔芋鸭肉汤

**营养功效:** 鸭肉脂肪含量较低,又能补血、去水肿、消胀满。

原料:鸭肉 100 克,魔芋 150 克,枸杞子、盐、食用油、姜丝各适量。

做法:①鸭肉洗净,斩块,余去血水,洗净;魔芋洗净,切片,开水焯3分钟,捞出沥水。②锅中倒油烧热,放入鸭肉块、姜丝,炒至鸭肉变色。③加水烧开,放魔芋片、枸杞子,转小火煮至鸭肉熟烂,加入盐调味即可。

# 芡实薏米老鸭汤

**营养功效:** 芡实可补虚,薏米可利湿,再加上滋补的鸭肉,此汤能理气祛湿。

原料:芡实 15 克,薏米 25 克,老鸭 1 只,盐、姜片各适量。

做法:①芡实、薏米分别洗净后在清水中浸泡。②老鸭在水中浸泡出血水,斩入块后余水,并洗净血沫,捞出。③锅中放水,加入余过水的鸭肉,加姜片,大火烧开后放入芡实、薏米,小火炖 1 个小时,最后放盐调味即可。

鸭皮含脂肪较高,最好去掉。

听王老师怎么讲

# 补血营养建议

① 饮食以温热为宜，有利于胃肠健康

② 喝红糖水不宜超过 10 天

③ 多吃豆腐可补益清热

④ 多吃猪肝、猪蹄、枸杞子等补血食物

新妈妈分娩时或多或少都会失血，所以产后的补血问题非常重要。**新妈妈要适当多食含铁较多、营养丰富的食品，才能起到很好的补血效果。**

**胡萝卜**
健脾化滞、补中益气。

**菠菜**
常吃能调理脾胃，预防便秘。

**菠菜**
富含铁元素，可以有效地防治缺铁性贫血。

**阿胶**
阿胶可用于贫血的新妈妈滋补身体。

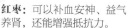

**乌鸡：**脂肪、胆固醇含量低，蛋白质、维生素和矿物质含量高。

**红枣：**可以补血安神、益气养肾，还能增强抵抗力。

## 喝红糖水不宜超过 10 天

传统观念认为产后喝红糖水有助于排恶露，但过多饮用红糖水，会损坏新妈妈的牙齿，还会导致出汗过多，使新妈妈身体更加虚弱，甚至会增加恶露中的血量，从而引起贫血。因此，产后喝红糖水以不超过 10 天为宜。

## 多吃豆腐补益清热

豆腐营养丰富，含有多种矿物质和丰富的优质蛋白，为补益清热的养生食物。吃豆腐对牙齿、骨骼的生长发育也有益，有助于增加血液中铁含量。消化不良的新妈妈，可以吃些豆腐助消化、增食欲。

## 宜多吃补血食物

新妈妈多吃一些传统补血食物，可以调理气血，如红枣、猪肝、胡萝卜、猪蹄、花生、枸杞子等。

**乌鸡能滋阴养肾**，补血补虚，增强人体免疫力，非常适合气血亏损的新妈妈食用。

# 补血食谱
# 滋阴补血

## 莲藕瘦肉麦片粥

**营养功效**：莲藕与猪瘦肉一起烹调，兼顾味道和营养，新妈妈可常食。

原料：大米50克，莲藕30克，猪瘦肉20克，玉米粒、枸杞子、麦片、葱花、盐各适量。

做法：①大米洗净，浸泡30分钟；莲藕洗净，切片；猪瘦肉洗净，切片；枸杞子洗净。②大米下锅，加适量水熬煮成粥。③将藕片、玉米粒焯熟捞出，再将猪瘦肉片余熟捞出，把藕片、玉米粒、猪瘦肉片，连同枸杞子、麦片一起放入粥中，继续煮约5分钟。④最后加盐调味，撒上葱花即可。

食用此粥可以开胃清火。

## 桂圆花生乳鸽汤

桂圆、花生、乳鸽都是补血食材，一起煮汤味道鲜香。

**营养功效**：此汤营养丰富，新妈妈食用能够增强体质，促进身体恢复。

原料：花生仁20克，干桂圆3颗，乳鸽1只，葱段、姜片、盐各适量。

做法：①花生仁、干桂圆分别洗净，用清水浸泡。②乳鸽处理干净后，洗净，斩块，在沸水中余烫一下，去除血水。③在砂锅中放入适量清水，烧沸后放入乳鸽块、花生仁、桂圆干、葱段、姜片，用大火煮沸后，改用小火煲，等熟透后加盐调味即可。

猪肝中含有丰富的蛋白质、维生素 A 和铁等营养成分,是新妈妈产后理想的补血食品之一。

莲藕中碳水化合物的含量较高,维生素 C 和膳食纤维的含量也比较丰富。新妈妈多吃莲藕,有助于增进食欲,帮助消化,促使乳汁分泌,利于新生儿的喂养。

---

# 猪肝炒油菜

**营养功效:**猪肝是补铁、补血的佳品,这道菜肴营养丰富,对产后贫血的新妈妈有很好的食疗功效。

原料:油菜 150 克,猪肝 100 克,盐、食用油、酱油各适量。

做法:①猪肝洗净,切片,用盐和酱油腌制 10 分钟;油菜洗净,切段,茎、叶分开放。②锅中倒油烧热,放入猪肝片快炒后盛出。③锅中留少许底油,先放油菜茎,然后放入油菜叶,炒至半熟时放入猪肝片,加适量盐,大火炒匀即可。

此道菜不仅有补血作用,还能润肠通便。

# 银耳桂圆红枣汤

**营养功效:**此汤可滋阴润肺、补血养颜。

原料:银耳 3 克,桂圆干、莲子各 4 颗,红枣、冰糖各适量。

做法:①银耳用清水洗净,撕成小朵。②莲子去心,洗净,备用。③将泡发的银耳、桂圆干、莲子、红枣一同放入锅内,加适量清水,大火煮沸后,转小火煮至银耳、莲子软烂,汤汁变浓稠再加冰糖调味即可。

此汤绵软香甜,可滋阴补虚。

# 肉末炒菠菜

**营养功效:**菠菜富含铁和胡萝卜素,能增强免疫力。

原料:猪瘦肉 70 克,菠菜 200 克,盐、水淀粉、食用油各适量。

做法:①将猪瘦肉洗净,剁成粒;菠菜洗净,切段。②锅内倒入适量的水烧开,放入菠菜段焯烫至八成熟,捞起沥干水,备用。③另起油锅,将猪瘦肉粒用小火翻炒,再加入菠菜段,放盐调味,用水淀粉勾芡即可。

此菜可以补血养虚。

听王老师
怎么讲

# 通便
## 营养建议

① 忌用大黄
通便

② 晚餐不要吃得
过饱

③ 宜吃银耳，
缓解产后便秘

产后新妈妈宜食用一些有助于润肠通便的食物，以预防产后便秘。新妈妈以产后 2~3 天内排便为宜，一旦产后超过 3 天未排便，就要请医生给出适当治疗建议。

**西芹**
含有多种维生素以及大量膳食纤维，能够促进消化吸收，利于通便。

**柚子**
具有健胃润肺、润肠通便等功效。

**红薯**
富含膳食纤维，能刺激肠道蠕动。

**燕麦**：含有丰富的水溶性膳食纤维，能够促进胃肠蠕动。

**银耳**：富含膳食纤维，可缓解产后便秘。

## 忌用大黄通便

产后有便秘困扰的新妈妈，忌用大黄及以大黄为主的清热泄水药通便，如三黄片、牛黄解毒片等。大黄味苦、性寒，产后服用容易伤脾胃。哺乳妈妈服用大黄后，宝宝吮食乳汁可能会引起腹泻。

## 晚餐不要吃得过饱

产后新妈妈身体各系统尚未恢复，晚餐不宜吃得太饱。如果晚饭吃太饱，胃肠负担不了，易引起消化不良、胃胀等；而且晚餐吃得太饱，还会影响睡眠质量。

## 宜吃银耳，缓解产后便秘

银耳具有补肾、润肠、健胃、补气的功效。银耳富含膳食纤维，可促进胃肠蠕动，对于产后便秘的新妈妈会有一定的帮助。

**酸奶含有乳酸菌以及益生菌**,能促进肠蠕动,
新妈妈适量饮用能防治便秘。

# 通便食谱
# 润肠通便

## 肉丝银芽汤

**营养功效：**此汤可清热利湿、消肿通便。

原料：黄豆芽200克，猪瘦肉100克，粉丝50克，盐、食用油、醋、姜末各适量。

做法：①黄豆芽洗净；猪瘦肉洗净，切丝；粉丝洗净，用温水浸泡3~5分钟。②锅置火上，倒油烧热，放入猪瘦肉丝、姜末炒至肉变色，放入黄豆芽快速翻炒，加水煮沸。③放入粉丝，调入盐、醋，煮至猪瘦肉丝、黄豆芽熟，盛出即可。

黄豆芽富含膳食纤维，有助于通便。

此菜膳食纤维含量高，可帮助新妈妈排毒养颜。

## 冬笋香菇扒油菜

**营养功效：**油菜翠绿，清淡可口，与香菇和冬笋搭配，含大量维生素、膳食纤维，还有钙、磷、铁等矿物质，是适合新妈妈常吃的一道素食佳品。

原料：油菜40克，冬笋、香菇各30克，葱段、盐、食用油各适量。

做法：①将油菜去掉老叶，洗净，切段；香菇洗净，切片；冬笋切片，并放入开水中焯烫，除去冬笋中的草酸。②炒锅置火上，倒入适量油烧热，放入葱段、冬笋片、香菇片煸炒后，倒入少量清水，再放入油菜段、盐，用大火炒熟即可。

西芹所含营养物质丰富,其中矿物质及膳食纤维的含量均较高,常吃能帮助新妈妈预防便秘。

獼猴桃含有人体所需氨基酸,并含有丰富的维生素 C 和硒。獼猴桃还含有对人体有益的可溶性膳食纤维,可以帮助新妈妈缓解产后便秘。

# 西芹百合

**营养功效:**西芹含有较多的膳食纤维,可帮新妈妈预防便秘,也有助于降低胆固醇。

原料:西芹 100 克,鲜百合 50 克,红椒丝、水淀粉、盐、食用油各适量。

做法:①西芹择洗干净,切成段;鲜百合去蒂后洗净,掰成片。②锅内放油,烧热,放入西芹段炒至五成熟。③加鲜百合片、盐炒熟,用水淀粉勾薄芡,撒上红椒丝即可。

西芹不仅能润肠通便,还能养血补虚。

# 鸡丝菠菜

**营养功效:**此菜具有温中益气的功效,还可缓解便秘。

原料:熟鸡胸肉 100 克,菠菜 60 克,蒜片、盐、食用油、水淀粉各适量。

做法:①把菠菜择好,洗净,切段,用开水焯一下,捞出沥干;熟鸡胸肉撕成丝。②锅置火上,放油烧热,放入蒜片炒出香味,加入菠菜段煸炒几下,放鸡肉丝、盐略炒。③最后用水淀粉勾芡即可。

鸡丝搭配菠菜,色泽清新,鲜咸清香。

# 獼猴桃香蕉汁

**营养功效:**这道饮品可以帮助新妈妈缓解产后便秘。

原料:獼猴桃 2 个,香蕉 1 根,蜂蜜适量。

做法:①将獼猴桃和香蕉去皮,分别切成块。②把獼猴桃块和香蕉块放入榨汁机中,加入温水搅打,倒出。③加入适量蜂蜜调匀即可。

獼猴桃含有多种维生素和氨基酸,多食有助于美白肌肤。

# 第四章

## 这样吃不落月子病

　　宝宝出生后，新妈妈的喜悦之情溢于言表，但不安也随之而来。由于分娩消耗了大量元气，新妈妈身体会频频出现状况，如出血、失眠、便秘、恶露不净、腹痛、水肿……本章给出多款缓解不适的食疗方，新妈妈不妨参考一下。

# 1. 产后出血

分娩后 24 小时内出血量超过 500 毫升称为产后出血，常见原因是宫缩乏力、产道损伤及凝血功能障碍等。发生产后出血，新妈妈千万不能粗心大意，不能单纯地认为出血是产后正常现象，要及时治疗，避免带来更大的危害。

此外，新妈妈还应保证充足的睡眠，加强营养，坚持高蛋白饮食，多食富含铁的食物。新妈妈情况稳定后，家人应鼓励新妈妈下床活动，活动量宜逐渐增加。

# 推荐食疗方

人参粥适宜早晚空腹食用。

生地黄具有滋阴凉血的功效。

百合、当归均具有止血安神的功效。

## 人参粥

大米 50 克，人参末 10 克，姜汁 10 毫升。大米先加水煮粥，再加入人参末、姜汁搅拌均匀。早晚餐服食。

## 生地黄益母汤

黄酒 200 毫升，生地黄 6 克，益母草 10 克。将上述原料一起放入碗中，隔水蒸 20 分钟，去渣取汁即可。每次温服 50 毫升，连服数天。

## 百合当归猪肉汤

百合 30 克，当归 9 克，猪瘦肉 60 克，盐适量。猪瘦肉洗净，切丝；当归、百合分别洗净。将三者一起放入锅中加水煮熟，加适量盐调味即可。

# 2. 产后失眠

产后失眠一方面是由于新妈妈内分泌的改变，致使体内雌激素水平下降造成的；另一方面是因产后体质虚弱、情绪波动、轻微抑郁及半夜给宝宝喂奶而导致的失眠。产后失眠时，应多吃一些有助于安眠的食物，如山药、牛奶、莲子、小米等。

# 推荐食疗方

牛奶有助眠的作用。

多食小米粥有助于缓解失眠。

此汤口味偏甜，可养心安神。

## 山药羊肉羹

羊瘦肉 100 克，山药 150 克，鲜牛奶、盐、姜片各适量。将羊瘦肉洗净，切小块；山药去皮，洗净，切小块。将羊瘦肉块、山药块、姜片放入锅内，加入适量清水，小火炖煮至肉烂，出锅前加入鲜牛奶、盐，稍煮即可。

## 桂花板栗小米粥

小米 60 克，板栗 20 克，糖桂花适量。将板栗洗净，加水煮熟，去壳取肉压碎；小米淘洗干净，浸泡 3 小时。将小米放入锅中，加适量水，小火煮熟成粥，加入板栗泥，撒上糖桂花即可。

## 银耳桂圆莲子汤

干银耳 3 克，干桂圆、莲子各 20 克，冰糖适量。干银耳用水浸泡 2 小时，撕成小朵；干桂圆去壳；莲子去心，洗净，备用。将银耳、桂圆干、莲子一同放入锅内，大火煮沸后，转小火继续煮，煮至银耳、莲子完全柔软，汤汁变浓稠，加入冰糖调味即可。

# 3. 产后腹痛

　　分娩后，新妈妈下腹部会出现阵发性疼痛，称为产后腹痛，也称为"宫缩痛"。这是正常现象，一般发生于产后1~2天，3~4天后慢慢消失。产后腹痛主要是因为子宫收缩，子宫正常下降到骨盆内引起的。在哺乳时，宝宝的吸吮会使新妈妈体内释放出激素，刺激子宫收缩而加重疼痛感。经产妇比初产妇更容易出现产后腹痛。另外，子宫过度膨胀，如羊水过多、多胞胎等也会加重产后腹痛。

　　产后1周后，这种疼痛会自然消失。如果腹痛时间过长，就要考虑腹膜炎的可能。有助于缓解腹痛的食物有南瓜、木瓜、肉桂、黄芪、当归、桃仁等。

# 推荐食疗方

此菜有助于补气血，缓解产后腹痛。

红糖姜饮还可以暖胃散寒。

桃仁有助于活血祛瘀。

## 黄芪党参炖母鸡

　　母鸡1只，黄芪、党参、山药各10克，红枣5颗，盐适量。黄芪、党参分别洗净、浸泡；山药去皮、切块；母鸡洗净，斩块，放入沸水中余烫去血水，捞出。将所有食材一起放锅内，加水，大火烧开后转为小火炖2小时左右，加盐即可食用。对产后身体虚弱、产后腹痛有一定的缓解作用。

## 红糖姜饮

　　红糖30克，鲜姜10克。鲜姜洗净，切丝，放入锅中，加适量水煮开，放入红糖，再次煮开即可饮用。有助于缓解产后腹痛。

## 桃仁汤

　　桃仁9克，红糖20克，煎水内服。对产后腹痛有缓解作用。

# 4. 产后头痛

产后前几天,由于分娩消耗过度,失血较多,新妈妈容易因大脑缺氧而感到头晕目眩,并伴有食欲缺乏、恶心、发冷、头痛等症状。这种头痛一般在1周内就可随着气血的恢复而逐渐缓解。

此外,还有一部分新妈妈产后头痛是月子期间皮肤毛孔扩张,头部大量出汗后受风寒引起的。身体其他部位受寒也会间接引起头痛。所以,新妈妈在月子期间不妨戴上宽松的帽子,或用头巾包住头,洗头后要吹干或用干毛巾包裹住头发。

# 推荐食疗方

此汤能补益气血,缓解因气血不足导致的产后头痛。

木耳药食兼用,是很好的保健食品。

此汤益气补血,有助于补充能量。

## 红参炖鸡

母鸡1只,红参片20克,姜片、盐各适量。先把母鸡洗净,斩块,放入开水中汆去血沫,捞出洗净备用;红参洗净,备用。把处理好的母鸡块、红参、姜片放入砂锅中,加适量水,大火煮开后转小火慢炖至鸡肉软烂,加盐调味即可。

## 凉拌木耳菜花

菜花半颗,干木耳3朵,盐、醋、香油各适量。菜花洗净,掰成小朵;干木耳泡发,洗净,撕小朵。菜花、木耳分别焯水,沥干。将菜花、木耳搅拌在一起,加入盐和醋调味,淋上香油即可。

## 阿胶核桃红枣羹

阿胶、核桃仁各50克,红枣3颗。将核桃仁掰小块;红枣洗净,去核;把阿胶砸成碎块,加入20毫升的水一同放入碗中,隔水蒸化后备用。将红枣、核桃仁一起放入砂锅中,加清水用小火焖煮20分钟,将蒸化后的阿胶放入锅内,与红枣、核桃仁再同煮5分钟即可。

# 5.产后水肿

新妈妈在产褥期内出现下肢或全身水肿，称为产后水肿。有产后水肿的新妈妈，睡前要少喝水，饮食要清淡，不要吃过咸或过酸的食物，尤其是咸菜，以防加重水肿；补品也不要吃太多，以免加重肾脏负担。新妈妈可多摄入脂肪较少的禽肉类或鱼类，并进行适度的运动以帮助身体恢复，排出体内多余水分。

有助于缓解水肿的食物有鸭肉、红小豆、冬瓜等。当出现产后水肿时，新妈妈可以多吃这些食物，以帮助恢复。

# 推荐食疗方

鸭肉有助于利水消肿。

薏米是常见的健脾祛湿食物。

红小豆有消肿、清热的功效。

## 鸭肉粥

大米 50 克，鸭肉 20 克，葱花、姜丝、盐各适量。鸭肉洗净，切块，热水汆烫后捞出。将鸭肉块、葱花放入锅中，加清水，煮 30 分钟后，取出鸭肉块，放凉，切丝。将大米洗净，放入锅中，加入煮鸭肉的高汤，小火煮 30 分钟，再将鸭肉块、姜丝放入锅内同煮 20 分钟，出锅前放盐调味即可。

## 姜艾薏米粥

大米、薏米各 30 克，老姜 5 片，艾叶 5 克，白糖适量。将薏米用冷水浸泡 3 小时以上。将老姜、艾叶与大米、薏米加水同煮，大火煮开后，转小火继续煮 40 分钟，待薏米煮熟软后，去掉姜片和艾叶，加入少量白糖调味即可。

## 红小豆鲤鱼汤

鲤鱼 1 条，红小豆 20 克，白术 3 克。鲤鱼处理干净。将红小豆与白术洗净，放入砂锅，加水与鲤鱼同煮。大火烧开，改小火慢煮至红小豆、鲤鱼熟烂即可。

# 6. 产后痛风

　　新妈妈易在产褥期出现腰膝、足跟、关节甚至全身酸痛、麻木沉重，或腰肩发凉、肌肉发紧、酸胀、四肢僵硬等不适症状，尤其在遇到阴雨天的时候，症状更加明显，这种情况一般可认为是患上了产后痛风。中医认为，本病多因分娩时用力过度、出血过多及产后气血不足、筋脉失养、肾气虚弱，或产后体虚，再感风寒，风寒乘虚而入，侵入关节、经络，使气血运行不畅所致。

　　当新妈妈出现产后痛风症状时，可通过饮食调理，以缓解痛风。有助于缓解产后痛风症状的食物有薏米、南瓜、红枣、木耳等。

# 推荐食疗方

薏米可提前浸泡 3 小时。

薏米有助于降尿酸，缓解关节痛。

食用枸杞子有助于缓解痛风。

## 薏米炖鸡

　　母鸡 1 只，薏米 20 克，香菇 3 朵，油菜、葱段、姜丝、盐各适量。香菇洗净，切十字花刀；母鸡洗净，斩块，用开水汆烫后捞出。将母鸡块与薏米、香菇、葱段、姜丝一起放入锅中，加适量清水，大火烧开，撇去浮沫后改中火煮至熟，加入油菜稍煮，放盐调味即可。

## 薏米粥

　　薏米 20 克，大米 30 克，冰糖 5 克。薏米、大米分别淘洗干净，加清水大火烧开，放入冰糖，转小火煮至米烂粥熟即可。

## 瘦肉枸杞粥

　　猪瘦肉 20 克，枸杞子 2 克，大米 50 克。猪瘦肉洗净，切细丝，与枸杞子、大米和适量水一起煮粥，粥熟即可。

# 7. 产后抑郁

产后新妈妈体内的雌激素会从孕期的高水平迅速回落。由于这种回落较快，身体不能很好地调节适应，所以会明显地影响到新妈妈的情绪和精神状况。再加上分娩、哺乳、照顾宝宝带来的疲劳和不适应，以及生活方式的巨大变化，这些都容易使新妈妈出现精神紧张、烦躁易怒、不自信、焦虑、沮丧等不良情绪。如果时间过长，难以改善，容易发展为产后抑郁症，严重时还需通过药物治疗。

产后新妈妈可以多吃核桃、香蕉、莲子、葵花子、桂圆、银耳、红枣等食物，有助于缓解产后抑郁。

# 推荐食疗方

食用香蕉有助于缓解抑郁和情绪不安。

经常食用西蓝花有助于缓解抑郁。

银耳可滋阴益气。

### 牛奶香蕉芝麻糊

牛奶1袋，香蕉1根，玉米面30克，白糖、熟白芝麻、熟黑芝麻各适量。将牛奶倒入锅中，开小火，加入玉米面和白糖，边煮边搅拌，煮至玉米面熟。将香蕉剥皮，用勺子压碎，放入牛奶糊中搅匀，再撒上熟白芝麻、熟黑芝麻即可。

### 什锦西蓝花

西蓝花、菜花各100克，胡萝卜50克，白糖、醋、香油、盐各适量。西蓝花、菜花洗净，掰成小朵；胡萝卜去皮，切片。将全部蔬菜放入开水中焯熟，晾凉后加白糖、醋、香油、盐，搅拌均匀即可。

### 银耳鹌鹑蛋

干银耳3克，鹌鹑蛋6个，冰糖适量。银耳泡发，去蒂，撕成小朵，放入碗中加清水，上蒸笼蒸透；鹌鹑蛋煮熟，剥皮。锅中加清水、冰糖煮开后放入银耳、鹌鹑蛋，稍煮即可。

# 8. 产后便秘

　　新妈妈产后饮食如常，但大便数日不行或排便时干燥疼痛，难以解出者，称为产后便秘或称产后大便难，这是常见的产后病症之一。分娩后胃口不好、伤口疼痛、活动减少、饮食缺乏膳食纤维，都是产后便秘形成的重要因素。大便干结，难以排出，又会形成恶性循环，影响新妈妈的身心健康。为预防产后便秘，新妈妈可多吃一些富含膳食纤维的食物。如果新妈妈身体还比较虚弱，吃水果时宜预先加热一下，避免过于寒凉。

# 推荐食疗方

油菜富含膳食纤维，有助于改善便秘。

茼蒿中的膳食纤维可促进肠道蠕动。

芝麻糊可以养胃润肠。

## 油菜汁

　　取新鲜油菜 100 克，洗净，加温开水榨汁。每次饮服 1 小杯，每日服用 2~3 次，有助于缓解产后便秘。

## 芹菜茼蒿汁

　　取新鲜茼蒿、芹菜各 50 克，加温开水榨汁饮用，每日 1 次，连续 7~10 天为 1 个疗程，有助于缓解产后便秘。

## 蜂蜜芝麻糊

　　蜂蜜 1 匙，熟黑芝麻 50 克。将熟黑芝麻放入搅拌机中，加适量水搅拌成黑芝麻糊，盛出后，加入蜂蜜搅拌均匀，每天食用 2 次。

# 9. 产后恶露不净

恶露是产褥期由阴道排出的分泌物和胎盘剥离后的血液、黏液、坏死的蜕膜组织和细胞等组成，正常恶露没有臭味。在正常情况下，产后 1~3 天会出现血性恶露，含有大量血液、黏液及坏死的内膜组织，有血腥味。产后 4~10 天转为颜色较淡的浆性恶露，产后第 3 周排出的白恶露，为白色或淡黄色，量逐渐减少。

正常恶露一般持续 3~4 周。剖宫产比顺产排出的恶露要少些，但如果血性恶露持续 2 周以上、量多或恶露为脓性、有臭味，提示可能出现了细菌感染，要及时到医院检查；如果伴有大量出血，子宫大而软，则提示可能子宫恢复不良，也需马上就诊。

# 推荐食疗方

食用此羹，可补气血。

饮用藕汁可清热、止血、散瘀。

此菜是食疗滋补佳品，可补气生血。

### 阿胶鸡蛋羹

鸡蛋 2 个，阿胶 10 克，盐适量。鸡蛋打入碗中；阿胶切碎。把阿胶碎放入鸡蛋液中，加入盐和适量清水，搅拌均匀。将鸡蛋液上锅，用大火隔水蒸熟，即可食用。

### 白糖藕汁

莲藕 50 克，白糖适量。莲藕洗净，加水榨取藕汁，取 100 毫升，加入白糖搅匀，随时饮服。

### 人参炖乌鸡

人参 10 克，红枣 2 颗，乌鸡 1 只，盐、熟黑芝麻各适量。将乌鸡放入开水中煮沸，捞出；将人参浸软，切片；红枣洗净。人参片和红枣一同装入鸡腹，放入砂锅内，加盐炖至鸡肉熟烂，撒上熟黑芝麻，食肉饮汤即可。

# 10. 产后乳房胀痛

　　新妈妈在分娩后的 2~6 天，乳房会逐渐开始充血、发胀，分泌大量乳汁。如果乳汁分泌过多，又未能及时排出，就会出现乳房胀痛。较长时间的乳房胀痛容易引起乳腺炎，应及时处理。乳房胀痛时除了及时让宝宝吸吮外，还可采取食疗的方法来缓解胀痛。

# 推荐食疗方

此粥可通络散结，缓解乳房胀痛。

豌豆、胡萝卜同食可补肾健脾、缓痛消胀。

丝瓜有助于预防产后乳汁淤积。

## 桔梗红小豆粥

　　桔梗、皂角刺各 10 克，红小豆 20 克，大米 50 克。桔梗、皂角刺、红小豆、大米分别洗净；桔梗和皂角刺加适量水煮 20 分钟，去渣取汁。将红小豆和大米煮成粥后，加入药汁搅拌均匀即可。

## 胡萝卜炒豌豆

　　胡萝卜半根，豌豆半碗，姜片、醋、盐、食用油各适量。胡萝卜洗净，切成丁；将胡萝卜丁和豌豆分别放入开水中焯 1 分钟后，捞出。锅中放油，烧至七成热，放入姜片煸香，然后放入焯过的胡萝卜丁、豌豆，爆炒至熟，最后调入醋和盐，翻炒均匀即可。

## 丝瓜炖豆腐

　　豆腐 50 克，丝瓜 100 克，高汤、盐、葱花、香油、食用油各适量。将豆腐洗净，切块，用开水焯一下，捞出，沥干水分；丝瓜去皮，洗净，切块。锅中热油，放入丝瓜块煸炒至发软，加入高汤、盐、葱花，大火烧开后放入豆腐块，转小火炖 10 分钟，淋上香油即可。

## 图书在版编目（CIP）数据

月嫂营养经：坐月子一日五餐 / 冯婷主编 . — 南京：江苏凤凰科学技术
出版社 , 2021.01（2025.1 重印）
（汉竹·亲亲乐读系列）
ISBN 978-7-5713-1531-3

Ⅰ . ①月… Ⅱ . ①冯… Ⅲ . ①产妇 - 妇幼保健 - 食谱Ⅳ . ① TS972.164

中国版本图书馆 CIP 数据核字（2020）第 216574 号

中国健康生活图书实力品牌

## 月嫂营养经：坐月子一日五餐

| | |
|---|---|
| 主　　　编 | 冯　婷 |
| 编　　　著 | 汉　竹 |
| 责 任 编 辑 | 刘玉锋　黄翠香 |
| 特 邀 编 辑 | 于志伟　姬凤霞 |
| 责 任 校 对 | 杜秋宁 |
| 责 任 监 制 | 刘文洋 |

| | |
|---|---|
| 出 版 发 行 | 江苏凤凰科学技术出版社 |
| 出版社地址 | 南京市湖南路 1 号 A 楼，邮编：210009 |
| 出版社网址 | http://www.pspress.cn |
| 印　　　刷 | 合肥精艺印刷有限公司 |

| | |
|---|---|
| 开　　　本 | 715 mm×868 mm　1/12 |
| 印　　　张 | 15 |
| 字　　　数 | 280 000 |
| 版　　　次 | 2021 年 1 月第 1 版 |
| 印　　　次 | 2025 年 1 月第 10 次印刷 |

| | |
|---|---|
| 标 准 书 号 | ISBN 978-7-5713-1531-3 |
| 定　　　价 | 39.80 元（附赠：产后饮食调理视频） |